U0215399

朱槿品种
图鉴与栽培

黄旭光　秦志成　曾　进　欧振飞　编著

中国林业出版社

图书在版编目（CIP）数据

朱槿品种图鉴与栽培 / 黄旭光等编著. —— 北京：
中国林业出版社, 2023.11
ISBN 978-7-5219-2406-0

Ⅰ.①朱… Ⅱ.①黄… Ⅲ.①扶桑—品种—图集②扶
桑—观赏园艺 Ⅳ.①S685.22

中国国家版本馆CIP数据核字(2023)第204623号

审图号：GS京（2024）0319号

策划编辑：肖静
责任编辑：肖静　邹爱
装帧设计：北京八度出版服务机构
————————————
出版发行：中国林业出版社
　　　　（100009，北京市西城区刘海胡同 7 号，电话 83143577 ）
电子邮箱：cfphzbs@163.com
网址：www.forestry.gov.cn/lycb.html
印刷：北京中科印刷有限公司
版次：2023 年 11 月第 1 版
印次：2023 年 11 月第 1 次
开本：889mm×1194mm　1/16
印张：17.5
字数：370 千字
定价：218.00 元

编 辑 委 员 会

序

  朱槿具有丰富的品种和极高的观赏价值，以其独特的花色和花型特征，成为人们喜爱的观赏植物之一。然而，对于朱槿相关知识的普及非常有限，目前相关的专著并不多。《朱槿品种图鉴与栽培》的出版，为我们提供了一本专业的参考书，为广大园林绿化工作者和朱槿爱好者提供了独特的知识视角和实践指导。

  本书以图片的形式详细呈现了各种朱槿品种，系统介绍了不包括原生品种在内的211个栽培品种的形态特征及识别要点，其中，常见品种64种，自育品种147种，并配以1000多幅高清图片，多角度、多方位、比较系统地介绍了朱槿。本书共分为五章，分别介绍了朱槿种质资源及地理分布、栽培简史及文化内涵、常见朱槿品种、繁殖及栽培管理、朱槿应用。

  除了品种图鉴，本书还特别强调了朱槿的栽培管理。园林绿化工作者和朱槿爱好者常常面临着如何合理栽培和管理朱槿的问题。本书系统地介绍了朱槿的生长环境要求、土壤和水肥管理、病虫害防治等方面的知识，为读者提供了实用的栽培指南。

  此外，本书还关注了朱槿的应用价值。朱槿不仅仅是一种观赏植物，还具有一定的药用价值和生态功能。通过对朱槿的应用领域和相关研究的介绍，读者可以进一步了解朱槿在园林和生态环境中的重要作用。

  本书内容详实、图文并茂，既具备专业性，又易于理解且具实操性。相信读者在阅读本书的过程中，能够更加深入地了解朱槿的魅力和价值。

  未来，朱槿的研究和应用将面临更大的挑战和机遇。随着社会对生态环境和景观质量的要求不断提高，我们需要更加关注朱槿的种质资源保护、抗逆性研究、新品种选育和栽培技术创新等。同时，我们还应积极探索朱槿在环境修复、生物医药和文化艺术等领域的潜力和应用前景。

  最后，我非常乐意向广大读者推荐这本令人大开眼界的书，它对于促进朱槿花在中国大地的广泛传播，有着里程碑的意义。我真诚地期盼通过该书籍让更多的人热爱朱槿，启发更多人投入到朱槿的传播、研究中来。

  愿本书能够为读者带来全面的朱槿知识，启发您对朱槿的热爱和探索。

阳光海岸大学

澳大利亚太平洋岛屿研究中心 教授

2023 年 10 月 13 日

前 ❀ 言

朱槿（*Hibiscus rosa-sinensis* L.），又名扶桑、大红花、花上花等，锦葵科木槿属植物，以其花色丰富、花大、色艳等特性而深受人们的喜爱。朱槿在中国有着1700多年的栽培历史，具有丰富的文化、历史底蕴。目前，在国际朱槿协会（International hibiscus society）登录记载的朱槿品种已超过24000种。

在大自然的花园中，每一朵花都是一幅美丽的画作，每一片绿叶都是生命的诗篇。在这个喧嚣而又繁忙的世界里，我们常常需要一片宁静的角落，让心灵得以抚慰，让思绪得以净化。而花卉，作为大自然的精灵，以其独特的美丽和生命力，成为了我们追寻宁静与美好的引导。特别是朱槿，其多姿多彩的花朵和丰富的品种，正如一曲美妙的乐章，让我们在喧嚣中寻找片刻的宁静。

撷取一片繁星，谱写一曲花海。每一次走近朱槿，仿佛是一次心灵的洗礼。编写本书的初衷源自20多年来我对朱槿的研究与热爱，也算是将所学所获进行一个总结并与大家一起分享。

在这本图鉴中，精心挑选了共211个品种（其中，常见朱槿品种64种、自育品种147种）以图像和文字向您展示朱槿变幻莫测的魅力。从那绚烂多彩的花海中，您将可以欣赏到每一朵朱槿花的美丽，感受到大自然的灵感与艺术。这本书不仅仅是一本品种图鉴，更是一本关于与朱槿对话的故事。植物，需要我们的呵护和爱护，而我们，也因为与植物的亲密接触而更加亲近自然，更加亲近生命。在这本书中，您将不仅仅了解到各种朱槿品种的特点和特色，还将获得有关朱槿的杂交育种、培育种植、养护和病虫害防治等方面的实用指导。这些知识，将成为您与朱槿共舞的基础，也将成为您与朱槿对话的桥梁。

本书是我对朱槿世界的一份热爱，是我对大自然的一份感悟。我真诚地希望，这本书能够为您带来欢愉和启发，让您更加热爱大自然，更加热爱生命。愿您在翻阅的过程中，能够领略朱槿的美丽与灵动，也能够在这片美丽的花海中，找到心灵的归宿。让我们一同走进《朱槿品种图鉴与栽培》的世界，感受朱槿的美丽与生命的奇迹。愿这本书成为您感知自然、欣赏美好的窗口，也愿我们共同漫步在大自然的花园里，感受生命的芬芳和生命的意义。

我要由衷感谢我们研究团队成员的辛勤付出，特别感谢来自台湾的黄瑞连、黄家兴、王坤煌老师以及来自澳大利亚的雷克斯教授在编写过程中给予的支持和帮助。本书在编写过程中参考了相关著作和文献，特向原作者表示衷心的感谢。

由于作者的水平及经验有限，加之时间仓促，书中难免存在疏漏与不足之处，敬请专家、读者批评指正。

黄旭光

2023 年 8 月 12 日

目 录

第一章

朱槿种质资源及地理分布

一、朱槿起源及地理分布

朱槿（*Hibiscus rosa-sinensis* L.）主要分布在热带和亚热带地区，原生地主要分布在中国南部、肯尼亚、马达加斯加、斐济、瓦努阿图、毛里求斯、留尼汪岛、罗德里格斯岛、夏威夷等国家或地区（图1-1）。

世界地图

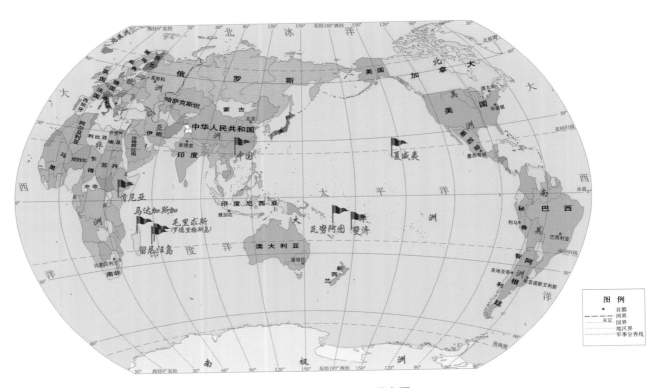

图1-1　原生地主要分布图

中国是朱槿原产地之一，古籍记载它起源于中国高凉郡，即现今广东恩平、茂名、阳江一带。主要分布在广东、广西、海南、云南、四川、贵州、福建、台湾等地区，现在全国各地均有栽培。在斐济、马达加斯加、毛里求斯、马来西亚、泰国、新加坡、菲律宾、印度、缅甸及美国东南部等国家或地区朱槿普遍用于园林绿化。

为寻找散布世界各地的朱槿原生种，美国的罗斯·贾斯特（Ross H. Gast）从1963年开始进行了历时4年的朱槿原生种搜集之旅——"世界朱槿"（Hibiscus Around The World）（图1-2），足迹遍及太平洋诸岛、斐济、新西兰、澳大利亚、马来西亚、印度、南非、肯尼亚、马达加斯加等区域，他在原生地找到了与中国朱槿（*Hibiscus rosa-sinensis*）的基因彼此相容、彼此之间可以杂交育种的9个朱槿原生种，分别是：东非洲海岸的裂瓣朱槿（*Hibiscus schizopetalus*）、毛里求斯的百合朱槿（*Hibiscus liliiflorus*）、马达加斯加的卡麦隆朱槿（*Hibiscus cameronii*）、留尼汪岛的富莱吉尔朱槿（*Hibiscus fragilis*）和柏里安朱槿（*Hibiscus boryanus*）、夏威夷群岛的阿诺特朱槿（*Hibiscus arnottianus*）（图1-3）和库奇欧朱槿（*Hibiscus kokio*）、斐济的史托奇朱槿（*Hibiscus storckii*）、丹尼索妮朱槿（*Hibiscus denisonii*）。除了罗斯·贾斯特找到的原生种外，目前还有怀米亚朱槿（*Hibiscus waimeae* A. Heller）、佐妮薇朱槿（*Hibiscus genevii*）等20多个原生种，当然，世界各地也许还有未被证实的其他原生种，这些原生种及其杂交后代之间进行的各种杂交育种，培育出了多彩的现代观赏朱槿群。

图1-2 《世界朱槿》（图书封面）

图1-3 1900年大溪地山谷发现的原生
白花朱槿－阿诺特

二、朱槿形态特征

（一）叶

朱槿为锦葵科木槿属植物，常绿灌木或小乔木，灌木一般高1～3m（图1-4），小乔木高可达4～5m（图1-5）。叶互生，卵形或阔卵形，长4～9cm，宽2～5cm，顶端锐尖、钝尖或圆形，基部楔形、钝形、圆形或心形，边缘具粗锯齿或缺刻，背面沿叶脉微被毛或近无毛；叶柄长1～10cm，上面被长柔毛；托叶线形，长0.5～1.2cm，被毛。花单生于上部叶腋，常下垂，花型有单瓣、半重瓣、重瓣，直径6～30cm，花瓣多阔卵形、倒卵形或窄倒卵形，花色有红色、黄色、白色、粉色、橙色等纯色系，也有2种及以上的复色，分为主色、次色。花梗长3～7cm，疏被柔毛或近平滑无毛，近顶端有节；小苞片数量5～11枚，针形、线形或披针形，长0.8～1.5cm，基部合生；花萼钟形、碗形或碟形，长约2cm，萼裂片5枚，呈三角形；花柱柱长4～8cm，平滑无毛，伸出花冠外，柱头分5裂，单体雄蕊。子房5室，每室具胚珠3枚或以上。蒴果卵形，被柔毛，长约2.5cm，开裂成5片，尖端有短喙。种子肾形，被毛。花期全年。

图1-4 灌木朱槿 　　　　　　　　　　　　　　　　图1-5 小乔木朱槿

朱槿的叶按其表面光泽程度大体分为有光泽、无光泽叶片。

朱槿的叶按其形状可分为椭圆形叶、圆形叶、阔卵形叶、卵形叶、心形叶、掌状裂叶等（图1-6）。

椭圆形　　　　圆形　　　　阔卵形　　　　卵形　　　　心形　　　　掌状裂

图1-6 叶子类型

叶的颜色有深绿、中绿、浅绿或复色（花叶）（图1-7）。

深绿　　　　　中绿　　　　　浅绿　　　　复色（花叶）

图1-7 叶子颜色

朱槿的叶按其大小可分为小型叶、中型叶、大型叶（图1-8）。

小型叶：长度小于5cm。

中型叶：长度5～13cm。

大型叶：长度大于13cm。

图1-8　叶的大小

❀（二）花❀

1. 颜色

朱槿花的颜色分为单色、双色、复色3个类型。

单色花：花朵只有一种颜色（图1-9）。

双色花：花朵有主色和次色两种颜色，次色通常分布在花瓣先端，或散布整片花瓣（图1-10）。

复色花：花朵有两种以上不同的颜色（图1-11）。

图1-9　单色花　　　　图1-10　双色花　　　　图1-11　复色花

2. 瓣形

朱槿的瓣形有平瓣（花瓣边缘平整）、波瓣（花瓣边缘形成波浪状波纹）、反折瓣（花瓣边缘向下弯曲且向内反折）、褶边瓣（花瓣边缘有轻微褶皱）、裂瓣（花瓣边缘深细裂呈流苏状）等（图1-12）。

图1-12　瓣形图

花的外层花瓣姿态可以分为上升、斜展、平展、反卷（图1-13）。

图1-13　花瓣姿态图

3. 花型

朱槿花型有单瓣、半重瓣、重瓣。常规的单瓣花花瓣数量为5瓣，半重瓣花、重瓣花的花瓣数量均大于5瓣。

（1）单瓣花（图1-14）

①常规型单瓣花：花瓣边缘重叠不超过花瓣外缘的一半，未重叠区域与先端构成扇形。

②车轮型单瓣花：花瓣边缘近乎完全重叠，先端形成圆形外观。

③风车型单瓣花：花瓣通常分离，没有重叠区域。

④流苏型单瓣花：花瓣的边缘裂开或形成流苏状，花柱长且下垂。

⑤簇绒型单瓣花：花瓣内侧边缘有轻微直立的褶皱。

⑥冠状型单瓣花：花型为单瓣花，但雄蕊柱末端长出花瓣，形成冠状外观。

| 常规型 | 车轮型 | 风车型 |

| 流苏型 | 簇绒状 | 冠状型 |

图 1-14　单瓣花

（2）半重瓣花

①半重瓣花：花瓣多于5瓣，居于单瓣与重瓣之间。花瓣一般从花的基部长出，排列较为稀疏，一些花瓣呈现扭曲或褶皱状态。雄蕊柱有或无（图1-15）。

②凤头/冠状半重瓣花：花瓣多于5瓣，一般从雄蕊柱产生，排列较为稀松。花柱通常存在（图1-16）。

③杯碟型半重瓣花：外层花瓣单瓣，从花柱基部长出簇状的内层花瓣，与外层花瓣明显的分开（图1-17）。

图 1-15　半重瓣花

图1-16　凤头/冠状半重瓣［褚素玲（台湾）供图］　　　图1-17　杯碟型半重瓣［黄瑞连（台湾）供图］

（3）重瓣花

花瓣数量较多，花瓣和花瓣紧密相连，形成球形的外观。雄蕊柱通常缺失。

图1-18　重瓣花

4. 大小

在正常的生长条件下进行正常的水肥养护管理，在盛花期测量标准花的大小，根据花的大小，朱槿花可分为小型花、中型花、大型花、超大型花（图1-19、图1-20）。

小型：小于10cm。

中型：10～15cm。

大型：15～20cm。

超大型：大于20cm。

图1-19　花的大小　　　图1-20　人脸对比图

三、朱槿习性

（一）生态习性

朱槿在中国华南、西南地区通常露地栽培，长江流域及以北地区不宜露地栽培过冬。朱槿喜温暖湿润、不耐低温干旱，在15～25℃的温度范围内生长良好，在温室或其他有保护设施条件下越冬，越冬温度不得低于5℃，否则叶片黄化脱落，温度低于0℃时，则易遭受冻害致死。朱槿是喜光植物，需要充足的阳光，良好的通风环境，不耐荫蔽闷热，所以冬季入室后要注意通风和适当光照。朱槿宜湿润土壤或盆土，浇水应视盆土干湿情况而定，过干或过湿都会影响开花；朱槿对土壤质地的适应范围较广，通常选用疏松、肥沃的沙质壤土为宜，但以富含有机质、pH6.5～7.0的微酸性壤土对其生长开花最好。

（二）花色与生态环境

1. 花色变化

在秋冬季节，朱槿花的颜色时常会发生变化，白色可能变成粉红色，粉红色可能变成红色，橙色可能变成黄色，这些都是正常现象。环境条件如光照、温度、湿度等都可以影响朱槿花色的表达。光照的强度和质量可以改变花色素的合成和积累速度，从而影响花色的鲜艳程度和深浅变化。温度和湿度对花色素的稳定性和降解速度也具有一定的影响。朱槿花色素的合成和积累对花色的表达起着重要的作用。花色素主要包括3种色素：类胡萝卜素、花青素和黄酮醇。其中，花青素、黄酮醇都属于类黄酮，是影响朱槿花色的主要因素。

类胡萝卜素的含量与花色表达之间存在一定的关系，高含量的类胡萝卜素通常与橙色、红色或黄色的花朵相关，但其他因素也会共同影响花色的表达。具体的花色表达机制和类胡萝卜素的作用需要进一步研究和探索。类胡萝卜素通常存在于植物细胞的"质体"中，具有抗氧化等作用，不易受到植物营养元素及有害物质的影响，因此，它具有较强的稳定性，能够较长时间地保持自身的颜色。随着类胡萝卜素含量的增加，花朵大多呈现黄色、橙色和红色。一般来说，较高的温度可以促进类胡萝卜素合成酶的活性，从而增加类胡萝卜素的合成速率，导致更多的类胡萝卜素产生，花朵就会偏向于橙色和红色。但是长时间的高温暴露也会导致类胡萝卜素的降解，使其含量减少。气温下降时，类胡萝卜素就会减少，颜色会变得较为柔和，呈现为黄色。

花青素是一种水溶性色素，是一种能使花色呈现蓝色、紫色和紫黑色等颜色的色素，在这种色素的影响下，花瓣细胞内的pH可以影响花色的表达：在不同pH条件下，花青素的结构和稳定性会发生变化，从而影响花色的呈现。例如，酸性环境下有些花色素会呈现红色，而碱性环境下可能呈现蓝色。朱槿中花青素的含量比较高，但不同品种的朱槿花青素含量不同，蝶梦、幻影在不同季节呈现出不同的颜色变化。（图1-21，图1-22）

图1-21 '蝶梦'的颜色变化

图1-22 '幻影'的颜色变化

植物体中的花青素多以花色苷的形式存在。花色苷是花青素与糖以糖苷键结合而成的化合物，朱槿中的花色苷有抗冻作用。朱槿不耐寒，随着温度的下降，朱槿会产生更多的花色苷，在植物中具有更强的抗冻作用。'薄妆'在夏天，花瓣颜色几乎是纯白色的，只有少许粉红色，随着气温变低，花色苷增加，粉红色开始加深并扩散，花瓣颜色几乎变成了粉红色。

黄酮醇与花青素都属于类黄酮家族，它们在高温和强光照条件下会降解，在低温条件下会增加。但是与花青素不同的是，黄酮醇能使花瓣颜色由浅黄色变成白色。

2. 生态环境要求

朱槿原产于山地荒野，长势健壮，具有较强的抗逆性，对土壤的要求不严。但经多年的引种驯化及杂交培育，目前应用栽培的朱槿品种大多数喜好肥沃、疏松、排水良好的微酸性沙质土壤，pH6.5~7.0最佳。根据不同的环境条件选择适宜品种栽种，以保证朱槿应用呈现最佳的园林景观效果。

第二章

朱槿栽培简史及文化内涵

·一、朱槿栽培简史·

朱槿的学名种加词 "*rosa-sinensis*" 意思是 "中国蔷薇"，在古代就是一种很受欢迎的观赏性植物，花大色艳，四季常开，主供园林应用。在全世界，尤其是热带及亚热带地区多有种植，朱槿在中国的栽培观赏历史悠久。

早在西晋时期嵇含（263—306年）的著作《南方草木状》中就已出现朱槿的记载，即 "朱槿花，茎叶皆如桑，叶光而厚，树高止四五尺，而枝叶婆娑。自二月开花，至中冬即歇。其花深红色，五出，大如蜀葵，有蕊一条，长于花叶，上缀金屑，日光所烁，疑若焰生；一丛之上，日开数百朵，朝开暮落。插枝即活。出高凉郡。一名赤槿，一名日及。"书中描写的朱槿为单瓣朱槿（图2-1），这时也记载了朱槿的栽培方式主要以扦插为主，说明当时已进行人工栽培，为人们所爱。

朱槿于18世纪航海探险时代开始被引入欧洲种植，欧洲的植物学家卡尔·冯·林奈（Carl von Linné）（图2-2）收集了朱槿标本，并根据植物分类标准进行归类，在1753年发表的《植物种志》中把朱槿命名为 *Hibiscus rosa-sinensis* L.，书中将朱槿描述成一朵红色的重瓣花（图2-3）。

欧洲是五大洲里唯一没有发现任何朱槿原生种的地区，在朱槿传入欧洲的过程中，有部分流传到南印度洋的毛里求斯岛。1820年，当时在英属毛里求斯殖民地工作的查理斯·戴斐尔（Dr. Charles Telfair）博士（图2-4），将当地原生种的百合朱槿（*Hibiscus liliiflorus*）与传入的中国朱槿（*H. rosa-sinensis* L.）杂交，这两种朱槿的基因彼此相容，成功地培育出朱槿新品种，开启现代观赏朱槿杂交育种的先河（图2-5）。

图2-1 单瓣朱槿
The Botanical Magazine
（图版158第5卷，1792年）
（引自https://www.biodiver
sitylibrary.org/item/7355）

图2-2 卡尔·冯·林奈

图2-3 红色的重瓣朱槿

图2-4 查理斯·戴斐尔博士
（Dr. Charles Telfair）

图2-5 百合朱槿 × 中国朱槿

欧洲第一批杂交木槿是1880年在切尔西的维奇苗圃培育的。但在培育品种方面，兴趣最大的还是美国的夏威夷：据报道，在1920—1930年，夏威夷就已经有了3000个得到命名的栽培品种，而第一个木槿属植物学会也在1911年成立于夏威夷。美国朱槿协会（American Hibiscus Society）成立于1950年，总部设在佛罗里达州，目前在美国各地有11个分会。澳大利亚朱槿协会（Australian Hibiscus Society）成立于1967年10月10日，总部设在昆士兰州。国际朱槿协会（International Hibiscus Society）则是由理查·强生（Richard Johnson）在2000年创办。

1950—1980年，美国佛罗里达和澳大利亚的朱槿杂交育种事业发展较快。1990—2000年，中国台湾的朱槿育种发展迅速，特别是2000年后，越来越多的朱槿爱好者加入育种行列，近些年培育的品种在国际上已跃居前列。

二、朱槿文化内涵

朱槿的文化内涵，是因物质文明、审美情趣、生活生产等需要，通过有意识地利用、开发、创新而产生，与人们的日常生活密切相关。随着社会经济、文化、生态文明的发展，在继承、弘扬传统文化内涵的基础上，朱槿被赋予了更多新时代内涵。

（一）名字考证

朱槿在中国有超过1700年的栽培历史。木槿花比岭南的朱槿花更早出现在史籍上，两者特点相差不多，加上名字繁杂，故后世多有相混。许慎《说文解字》："舜，木堇，朝华莫落者。从艸，舜声。《诗》

曰：'颜如舜华。'"此外，"椴""榇""王蒸"都是木槿独特的名字。由此可见，木槿花在汉代以前已经普遍存在。

朱槿是现在一直沿用的植物中文名，始见于西晋嵇含的《南方草木状》（图2-6），作为我国现存最早的植物志专著，《南方草木状》较为准确地描述了朱槿的形态特征、观赏特性、繁殖方式和产地，这是世界公认的最早关于朱槿的记载。

图2-6 《南方草木状》

《南方草木状》还有"其花如木槿而颜色深红，称之为朱槿"的记载，此处也点出了朱槿名称的来源，即因花形类似于木槿（Hibiscus syriacus L.）而颜色为深红色（即朱色），故得名"朱槿"。实际上，早期朱槿仅指该种植物中开红色花的品种或仅观察到开红色花的朱槿品种，除《南方草木状》提到的"其花深红色"和"其花如木槿而颜色深红"之外，明代的李时珍在其《本草纲目》中有"（扶桑）其花有红黄白三色，红者尤贵，呼为朱槿"的说法，而清代的屈大均所著的《广东新语》也有"佛桑，枝叶类桑，花丹色者名朱槿，白者曰白槿"的描述。

朱槿亦名扶桑，"扶桑"代指朱槿这种植物大概始于李时珍的《本草纲目》："东海日出处有扶桑树。此花光艳照日，其叶似桑，因以比之。后人讹为佛桑，乃木槿别种，故日及诸名亦与之同"。李时珍认为由于朱槿花色明艳，加之叶形与桑叶相似，因此，以上古传说中的日出之木——扶桑作为其代指。不过这种"同名异物"的植物命名确实给后世带来了很大的困扰。几乎与李时珍生活在同一时代的明末画家徐渭在其诗《闻里中有买得扶桑花者》中也提到扶桑，"忆别汤江五十霜，蛮花长忆烂扶桑"。另外，清朝的吴震方在其《岭南杂记》说"扶桑花，粤中处处有之，叶似桑而略小，有大红、浅红、黄三色，大者开泛如芍药，朝开暮落，落已复开，自三月至十月不绝。"

在明朝王路的《花史左编》第三卷花之名章节中对"佛桑花"定义为大红花、粉红花、黄花、白花。在第四卷花之辨的章节中提到"如一花数名，一名数色，诸凡异瓣、异实、异味、异产、培灌异法，种种不一，不妨剖晰其微。"，对"槿花"的描述"篱槿，花之最恶者也。其外有千瓣白槿，大如劝杯。有大红、粉红千瓣，远望可观，即南海朱槿、那提槿也，插种甚易。"

朱槿还有其他的一些命名，见表2-1。

表2-1 朱槿的名字考证

名考	来源
朱槿	朱槿是现代称此类植物的中文名，而在中国古代，只有开红色花者才叫朱槿，此名最早出现于西晋嵇含所著的《南方草木状》，明代李时珍所著的《本草纲目》、晚清屈大均所著的《广东新语》也出现此名
赤槿	最早出现于西晋嵇含所著的《南方草木状》中
日及	最早出现于西晋嵇含所著的《南方草木状》中，明代李时珍所著的《本草纲目》也有引用
桑槿	唐代段成式（803—863）著作《酉阳杂俎》文中记载重瓣朱槿："……重台朱槿，似桑，南中呼为桑槿。"

（续）

名考	来源
佛桑	晚唐时在唐昭宗年间（889—904年），出任广州司马的刘恂撰《岭表录异》，表述"朱槿南人呼佛桑"。晚清屈大均所著的《广东新语》中出现此名
扶桑	明代李时珍所著的《本草纲目》用此名字，清代李调元所著的《南越笔记》、晚清屈大均所著的《广东新语》也出现此名字
花上花	清代李调元所著的《南越笔记》中，有文"佛桑一名花上花。花上复花，重台也。即扶桑。"文中认为佛桑是指一种花上有花的朱槿品种
大红花	晚清欧洲人卫三畏所著的一本汉英词典《汉英韵府》有用此名。而大红花也是中国岭南一带对朱槿的俗称：《广东植物志》第二卷，185页，别名大红花。红色朱槿是马来西亚国花，马来语称为"芙蓉"（Bunga raya），当地华人称之为大红花
福桑	晚清屈大均所著的《广东新语》中认为："一名福桑，又一名扶桑。"
土红花	成书年代及作者不详的《陆川本草》有用此名
状元红	云南当地叫法
紫花兰	《广西药用植物名录》
贼头红	《广东药用植物简编》
公鸡花	《全国中草药汇编》

◆（二）传说 ◆

1. 扶桑神树

扶桑在我们如今看来是一种常见的观赏花木，但传说中的扶桑神树却跟我们印象中的扶桑并不一样。《山海经·海外东经》写道："汤谷上有扶桑，十日所浴，在黑齿北"，意思是说，在黑齿国以北，10个太阳沐浴的汤谷上有一棵名叫扶桑的大树。《海内十洲记·带洲》上说："树两两同根偶生，更相依倚，是以名为扶桑"，记载认为吃了扶桑的果实后，整个身体都会变成金色且放光，能在空中飞翔、行走。也有古书记载说，扶桑是一种无枝的大树，上至天，下通三泉，这种神树在古代被认为具有无穷的神威，是祭祀的神物，三星堆遗址中发现的青铜神树（图2-7），与神木"扶桑之上有十日"的传说吻合，其主要功能之一即为通天。

2. 扶桑国

扶桑在古籍《梁书·诸夷传·扶桑国》的记载中，是一个东方古国名，书中写道："扶桑在大汉国东二万余里，地在中国之东，其土多扶桑木，故以为名。"对于扶桑国，现在有两种说法，一种认为扶桑国是日本，还有一种认为扶桑国是墨西哥。

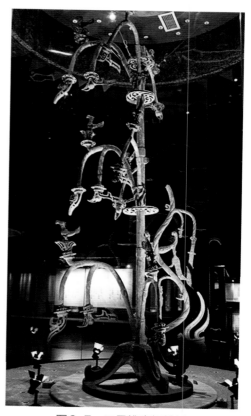

图2-7　三星堆青铜神树

《海外东经》记："汤谷上有扶桑，十日所浴，在黑齿北。居水中，有大木，九日居下枝，一日居上枝。"，所传说的黑齿国位置，就在今日的日本列岛上。鲁迅曾在《送增田涉君归国》一诗中写道："扶桑正是秋光好，枫叶如丹照嫩寒"，其中，扶桑指的就是日本。法国人金勒（De.Guignes）等西方学者提出扶桑国在今天北美洲墨西哥的观点，他于1761年提交的一个研究报告中说：根据中国史书，在公元5世纪时，中国已有僧人到达扶桑，他认为扶桑就是墨西哥。金勒所说的中国史书指《梁书·扶桑传》。在中国学者中较早响应此说的是章太炎，他在所著《文始》中也认为扶桑即墨西哥。而德国学者克拉被罗（H. J. Klaproth）曾于1831年发表的一篇论文指出：扶桑国不可能是墨西哥，而应当是日本或萨哈林岛（库页岛）。

3. 乐名

《续资治通鉴·宋徽宗崇宁三年》："伏羲以一寸之器名为含微，其乐曰扶桑。"

4. 舞山香

《花史左编》花之事章节提到：汝阳王琎，尝戴砑绡绢打曲。上自摘红槿花一朵，置于帽上笘（"笘"字当作"檐"），二物皆极滑，久之方安，遂奏《舞山香》一曲，而花不坠。上大喜，赐金器一厨，因夸曰："花奴资质明莹……必神仙谪坠也。"

◆（三）文学记载 ◆

朱槿在中国的文学记载非常丰富，它具有浓厚的文化内涵和深厚的历史渊源。

1. 朱槿的相关诗词

悲扶桑之舒光，奄灭景而藏明（魏晋·陶渊明《闲情赋》）

将欲倚剑天外，挂弓扶桑。（唐·李白《代寿山答孟少府移文书》）

瘴烟长暖无霜雪，槿艳繁花满树红。每叹芳菲四时厌，不知开落有春风。（唐·李绅《朱槿花》）

花是深红叶麯尘，不将桃李共争春。今日惊秋自怜客，折来持赠少年人。（唐·戎昱《红槿花》）

谁道槿花生感促，可怜相计半年红。何如桃李无多少，并打千枝一夜风。（唐·徐凝《夸红槿》）

莲后红何患，梅先白莫夸。才飞建章火，又落赤城霞。不卷锦步障，未登油壁车。日西相对罢，休浣向天涯。勇多侵路去，恨有碍灯还。嗅自微微白，看成沓沓殷。坐疑忘物外，归去有帘间。君问伤春句，千辞不可删。（唐·李商隐《朱槿花二首》）

沛国东风吹大泽，蒲青柳碧清一色。鹧鸪声苦晓惊眠，朱槿花娇晚相伴。旧山万仞青霞外，望见扶桑出东海。（唐·李商隐《偶成转韵七十二句赠四同舍》）

红开露脸误文君，司隶芙蓉草绿云。造化大都排比巧，衣裳色泽总薰薰。（唐·薛涛《朱槿花》）

黄鹂啭深木，朱槿照中园。（唐·王维《瓜园诗》）

朱槿列摧墉，苍苔遍幽石。（唐·皇甫冉《曾东游以诗寄之》）

寄言青松姿，岂羡朱槿荣。（唐·皇甫松《古松感兴》）

万里携归尔知否，红蕉朱槿不将来。（唐·白居易《种白莲》）

牡丹为性疏南国，朱槿操心不满旬。（唐·李咸用《同友生题僧院杜鹃花（得春字）》）

稚英斗火欺朱槿，栖鹤惊飞翅忧烬。（唐·王毂《刺桐花》）

甲子徒推小雪天，刺桐犹绿槿花然。（唐·张登《小雪日戏题绝句》）

风雨无人弄晚芳，野桥千树斗红房。朝荣暮落成何事，可笑纷华不久长。（宋·张俞《朱槿花二首》其一）

朝菌一生迷晦朔，灵蓂千岁换春秋。如何槿艳无终日，独倚栏干为尔羞。（宋·张俞《朱槿花二首》其二）

溪馆初寒似早春，寒花相倚醉於人。可怜万木彫零尽，独见繁枝烂熳新。清艳夜沾云表露，幽香时过辙中尘。名园不肯争颜色，的的夭红野水滨。（宋·蔡襄《耕园驿佛桑花》）

常恶静时凫鹜，不惊饱处虾鱼。与吾闲正相似，问尔乐复何如。（宋·文同《郡斋水阁闲书·朱槿》）

东方闻有扶桑木，南土今开朱槿花。想得分根自旸谷，至今犹带日精华。（宋·姜特立《佛桑花》）

壁槿扶疏当缚篱，山深不用掩山扉。（宋·陆壑《朱槿花》）

静怜朱槿无根蒂，开落惟销一阵风。（宋·刘克庄《暮春》）

朱槿犹开，红莲尚拆，芙蓉含蕊。（宋·晏殊《连理枝》）

紫菊初生朱槿坠。月好风清，渐有中秋意。（宋·晏殊《蝶恋花·紫菊初生朱槿坠》）

紫薇朱槿花残。斜阳却照阑干。双燕欲归时节，银屏昨夜微寒。（宋·晏殊《清平乐·金风细细》）

朱槿开时，尚有山榴一两枝。（宋·晏殊《采桑子·林间摘遍双双叶》）

紫薇朱槿繁开后，枕簟微凉生玉漏。（宋·晏殊《木兰花·紫薇朱槿繁开后》）

朱槿更作猩袍红，夸道风人尝印可。（宋·陈傅良《兰花供寿国举兄》）

东方闻有扶桑木，南土今开朱槿花。想得分根自旸谷，至今犹带日精华。（宋·姜特立《佛桑花》）

夕苑凋朱槿，秋江落晚蕖。（宋·梅尧臣《范饶州夫人挽词二首》其一）

朱槿不堪留，牵牛上竹幽。（宋·苏洞《秋感》）

朱槿碧芦相间栽，蓬棚车水过塍来。（宋·杨冠卿《自檇李至毗陵道中》）

扶桑飞上金毕逋，暗水流澌度空谷。（明·凌云翰《关山雪霁图》）

天鸡晓彻扶桑涌，石马宵鸣翠辇过。（清·颜光敏《望华山》）

2. 朱槿的文化相关典籍记载

汤谷上有扶桑，十日所浴，在黑齿北。（战国·轶名《山海经·海外东经》）

"暾将出兮东方，照吾槛兮扶桑。"王逸注："日出，下浴于汤谷，上拂其扶桑，爰始而登，照耀四方。（战国·屈原《楚辞·九歌·东君》）

扶桑在东海之东岸，岸直，陆行登岸一万里，东复有碧海。海广狭浩汗，与东海等。水既不咸苦，正作碧色，甘香味美。扶桑在碧海之中，地方万里。上有太帝宫，太真东王父所治处。地多林木，叶皆如桑。又有椹树，长者数千丈，大二千余围。树两两同根偶生，更相依倚。是以名为扶桑仙人。（汉·东方朔《海内十洲记·带洲》）

朱槿花，茎叶皆如桑，叶光而厚，树高止四五尺，而枝叶婆娑。自二月开花，至中冬即歇。其花深红色，五出，大如蜀葵，有蕊一条，长於花叶，上缀金屑，日光所烁，疑若焰生。一丛之上，日开数百朵，朝开暮落。插枝即活。出高凉郡。一名赤槿，一名日及。（西晋·嵇含《南方草木状》）

蓬莱之东，岱舆之山，上游扶桑之树。树高万丈。（东晋·郭璞《玄中记》）

天下之高者，扶桑，无枝木焉。上至天，盘蜿而下，屈通三泉。（宋·《太平御览》引《玄中记》）

扶桑在碧海中，上有天帝宫，东王公所冶。有椹树，长数千丈，二千围，两两同根，更相依倚，故曰扶桑。仙人食其椹，椹体作金色。其树虽大，椹如中夏桑椹也，稀而色赤。九千岁一生实耳，味甘香。（宋·《太平御览》引《世赞记》）

东方有树焉，高八十尺，敷张自辅，叶长一丈，广六七尺，曰扶桑。有椹焉，长三尺五寸。（宋·《太平御览》引《神异经》）

岭南红槿，自正月迄十二月常开，秋冬差少耳。（宋·《太平广记》）

日御北至，夏德南宣，玉蒸荣心，气动上玄，华缫间物，受色朱天，是谓珍树，含艳丹间。（宋·颜延之《艺文类聚》引《宋颜延之赤槿颂》）

重台朱槿，似桑，南中呼为桑槿。（唐·刘恂《岭表录异》）

岭表朱槿花，茎叶者如桑树，叶光而厚，南人谓之佛桑。树身高者，止于四五尺，而枝叶婆娑。自二月开花，至于仲冬方歇。其花深红色，五出如大蜀葵，有蕊一条，长于花叶，上缀金屑，日光所烁，疑有焰生。一丛之上，日开数百朵，虽繁而有艳，但近而无香。暮落朝开，插枝即活，故名之槿，俚女亦采而鬻，一钱售数十朵，若微此花红妆，无以资其色。（唐·刘恂《岭表录异》）

《罗浮山记》曰：木槿一名赤槿，华甚丹，四时敷荣。（唐《艺文类聚》）

扶桑产南方，乃木槿别种。其枝柯柔弱，叶深绿，微涩如桑。其花有红黄白三色，红者尤贵，呼为朱槿。（明·李时珍《本草纲目·木三·扶桑》）

东海日出处有朱槿树，此花光艳照日，其叶似桑，因以比之，后人讹为佛桑，乃木槿别种，故日及诸名，亦与之同。（明·李时珍《本草纲目·木三·扶桑》）

佛桑一名福桑，又名扶桑，枝叶类桑。花丹色者名朱槿，白者曰白槿。有黄者、粉红者、淡红者，皆千叶，轻柔婀娜，如芍药而小，盖丽木也。一曰花上花。花上复有花者，重台也。其架者可食，白者尤清甜滑。妇女常以为蔬，可润容补血。（清·李调元《南越笔记》卷十三）（图2-8）

扶桑花，粤中处处有之，叶

图2-8 清·居廉 花卉虫草图

似桑而略小，有大红、浅红、黄三色，大者开泛如芍药，朝开暮落，落已复开，自三月至十月不绝。佛桑与扶桑正相似，而中心起楼，多一层花瓣。今人以扶桑佛桑混为一，非也。纱缎黑退变黄，捣扶桑花汁涂之，复黑如新。（清·吴震方《岭南杂记》）

◆（四）文化寓意◆

朱槿作为我国南方习见的传统名花，在长期的栽培与应用过程中逐渐被赋予了独特的文化寓意，它是马来西亚、斐济、苏丹的国花，夏威夷的州花，南宁市、茂名市、汕尾市、玉溪市的市花以及台湾高雄县县花。

朱槿花代表着该地区的自然和文化特色。在文学、绘画和传统文化中，被视为吉祥之物、爱情之花，常用来象征美好、爱情、热情和繁荣。

1. 象征美好

朱槿是美好的象征。朱槿花形俏丽、姿态典雅，其花瓣反卷，花蕊细长伸出于花瓣之外，花柱5裂，柱头如粉球，兼之其具有硕大的花径、绚烂的花色和悠长的花期，使之成为我国南方最具美感的观赏植物之一，是园林美和艺术美的象征。此外，朱槿还可用于装饰美化，增添生活情趣，我国华南一带自古以来就有女子佩戴朱槿之花以为美的装饰习俗，清·屈大均在《广东竹枝词》中曾描述："佛桑亦是扶桑花，朵朵烧云如海霞。日向蛮娘髻边出，人人插得一枝斜。"植物之美与女子之美在这里互为映衬、相得益彰。

2. 象征爱情

朱槿也象征爱情，因其常有同根偶生相依相扶的现象（即"连理"现象）。据《海内十洲记·带洲》记载："树两两同根偶生，更相依倚。是以名为扶桑。"虽然此处的"扶桑"应为上文所说之神木，但沿袭了"扶桑"之名的朱槿用于表现男女间幸福美好和坚贞不渝的爱情也是贴切的，正所谓"在天愿作比翼鸟，在地愿为连理枝"。

3. 象征热情和繁荣

朱槿艳丽和繁密的花朵象征着热情与繁荣。朱槿的花色以红色、橙色和黄色等暖色调为主，加之其"槿艳繁花满树红"的群体效果，用于布置园林能很好地烘托出热烈的喜庆氛围，反映人民的热情友好和经济社会发展的繁荣进步。正因为朱槿花的这种精神内涵，以"友谊·合作·发展·繁荣"为主题的首届"中国–东盟博览会"的主会场——南宁国际会展中心选择了以盛开的朱槿花冠作为其外观标志，朱槿花也因此成为热情和繁荣的象征。

◆（五）文化应用◆

1. 邮票

以朱槿为元素创作的邮票也非常丰富，在各个国家都有不同形式与题材的表达（图2-9～图2-28）。

图2-9 中国邮政于2018年10月28日发行的广西壮族自治区成立60周年纪念邮票，其中这张名为"开放门户"的右下角为朱槿花造型的南宁国际会展中心

图2-10 2016年中国邮政发行的纪念邮资卡，图案由马立航设计，主图为朱槿花花团锦簇下的南宁标志性建筑——南宁国际会展中心

图2-11 "相约南宁"朱槿元素邮票，南宁人民将朱槿视为友谊之花

图2-12 2008年3月14日，中国香港邮政推出主题为《香港花卉》的特别邮票，其中1元4角的邮票图案为朱槿花

图2-13 1959年，斐济发行的通用邮票，图案是由英国女王和朱槿构成，朱槿是斐济的国花

图2-14 2014年，马来西亚吉隆坡邮展上展出的一枚邮票，主图为马来西亚国花朱槿花

图2-15 1979年马来西亚发行了一套花卉邮票，其中一枚的主题花卉是朱槿

图2-16 1962年玻利维亚发行的花卉主题邮票，其中一枚的花卉是朱槿

图2-17 1977年，古巴发行的纪念古巴植物学家胡安·托马斯·罗伊格博士诞辰100周年邮票，主图为朱槿

图2-18 1969年，萨摩亚发行的萨摩亚独立7周年邮票，纪念萨摩亚独立7周年，主图为朱槿

图2-19 1997年新加坡邮展上展出的斐济发行的一枚邮票，主图为一只小鸟，它的周围环绕着不同色系的朱槿

图2-20 1962年越南发行的一套花卉邮票，其中一枚邮票图案是朱槿

图2-21 1997年越南发行的一套花卉邮票，其中4枚邮票图案是朱槿

图2-22 1958年希腊发行了一套以世界环境自然保护大会为主题的邮票，其中一枚邮票的背景是朱槿

图2-23 2017年日本发行的一套日本传统礼仪之花邮票，朱槿是日本日常用来接待客人的花卉之一

图2-24　1982年9月29日，为了纪念中日邦交正常化10周年，中国人民邮政发行了志号为J.84的纪念邮票。本套邮票共两枚，分别选用了关山月的《梅花》、肖淑芳的《扶桑》

图2-25　1962年苏里南发行的花卉系列邮票，其中两枚的图案是朱槿

图2-26　1999年美国发行了一套以热带花卉为主题的邮票，其中一枚是朱槿

图2-27　1966年喀麦隆发行了一套植物花卉系列邮票，其中一枚是朱槿

图2-28　2017年冈比亚发行了一套观赏花卉邮票，其中两枚邮票的主题花卉是朱槿

2. 徽章标志

（1）在马来西亚盾形国徽上绘有一朵大红花，国花——扶桑，大红花象征红色代表勇敢，强大的生命力，象征生生不息地茁壮成长。5个花瓣代表马来西亚的"国家原则"（Rukun Negara），即"信奉上苍、忠于君国、维护宪法、尊崇法治、培养德行"。马来西亚还把朱槿印刷在了每一张钞票上，使其成为令吉（Ringgit）纸币正面图案的重要组成部分（图2-29）。

图2-29　马来西亚纸钞和硬币

（2）在南宁召开的"中国–东盟博览会"的会徽就是根据朱槿花原形设计而成的，它由11条状似花瓣的缤纷的彩带组成，其造型很像一朵怒放的朱槿花（图2-30）。11条彩带既代表着中国和东盟十国，也像无数挥舞着的手臂，欢迎东盟各国的代表相聚南宁，共话团结友谊，共商发展繁荣大计。会徽造型生动活泼，充分体现了"凝聚、绽放、繁荣"的寓意。

图2-30　中国–东盟博览会标识

（3）文明南宁形象标识用朱槿花为元素进行设计（图2-31）。"文明南宁"形象标识以朱槿花和"文"字的变形为主，朱槿花是南宁的市花，代表文明之花，具有凝聚、绽放、繁荣的美好寓意；"文"字的造型，形似一个舞动的人，代表南宁市坚持以人为本，坚持"文明创建人人参与，文明成果人人享"的理念，也传达了南宁积极争创全国文明典范城市的精神风貌；上方有颗"爱心"，寓意南宁市民奉献、友爱、互助的志愿服务精神，也传达了南宁是一座充满爱心、温暖的文明城市。

图2-31　文明南宁标识

3. 建筑及雕塑

南宁国际会展中心主建筑穹顶造型便是一朵硕大绽放的朱槿花，12瓣花瓣意喻广西12个少数民族团结在一起（图2-32，图2-33）。

图2-32　南宁市会展中心侧面图

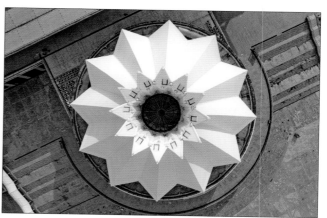

图2-33　南宁市会展中心俯视图

马来西亚的城市建筑也常常运用朱槿花元素进行设计，比如，海港城市波德申（Potrt Dickson)的丽昇大红花酒店的建筑造型就是一朵大红花（图2-34）。

图2-34　丽昇大红花酒店

亚庇（Kota Kinabalu）市区也有一座巨型的朱槿花雕塑（图2-35）。

图2-35　朱槿花雕塑

南宁青秀山第一届朱槿·市花展（2022年）也展示了朱槿元素的艺术装置（图2-36）。

图2-36　朱槿花艺术装置

4. 民族节日

红花节是斐济的传统节日（图2-37）。每年的8月在首都苏瓦市举行，历时7天。节日期间，苏瓦市的主要街道上都搭起了牌楼，挂上彩旗，插上五颜六色的热带花卉，装上彩色灯泡，格外美丽。节日以化妆游行拉开序幕，游行的彩车上坐着参加竞选"红花皇后"的美丽少女们。来自四面八方的观众和游客身穿各色服装，戴着各种稀奇古怪的面具，在乐队的带领下穿街游行。最后当选的"红花皇后"被戴上"皇冠"，并发放奖品。评选活动售票所得连同其他收入的大部分，均捐献给社会慈善机构。红花节是斐济人民向世界展示其独特民族风情的舞台，也是世界认识斐济的窗口，让人深切感受到斐济人民的友好、善良以及他们乐观向上的生活态度。

图2-37　2018年斐济红花节红花皇后 Jessia Fong（中）
[Jona Konataci（乔纳·科纳塔奇）（供图）]

第三章

常见朱槿品种

·朱槿原生种·

目前，据不完全统计，全世界发现的原生种有23个，不含变种。

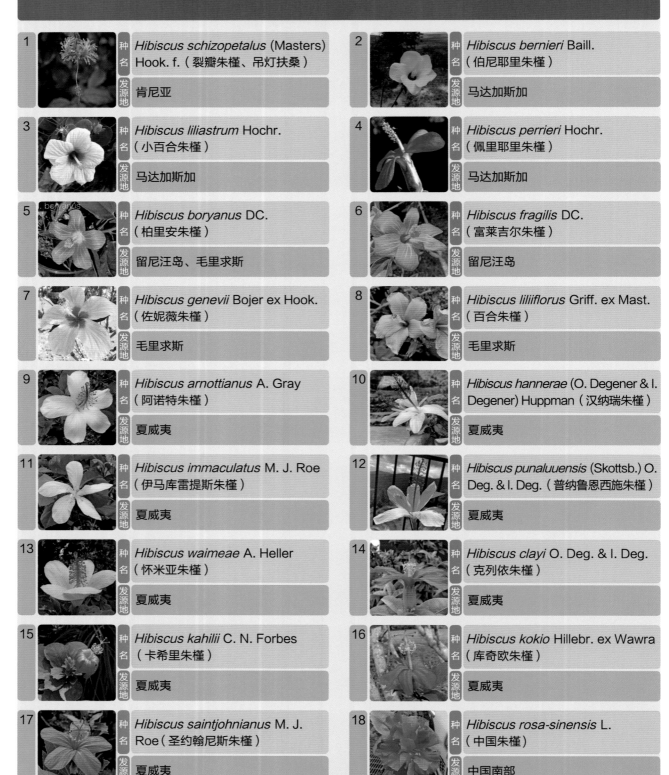

朱槿原生种及发源地		
1	种名 *Hibiscus schizopetalus* (Masters) Hook. f. （裂瓣朱槿、吊灯扶桑） / 发源地 肯尼亚	2	种名 *Hibiscus bernieri* Baill. （伯尼耶里朱槿） / 发源地 马达加斯加
3	种名 *Hibiscus liliastrum* Hochr. （小百合朱槿） / 发源地 马达加斯加	4	种名 *Hibiscus perrieri* Hochr. （佩里耶里朱槿） / 发源地 马达加斯加
5	种名 *Hibiscus boryanus* DC. （柏里安朱槿） / 发源地 留尼汪岛、毛里求斯	6	种名 *Hibiscus fragilis* DC. （富莱吉尔朱槿） / 发源地 留尼汪岛
7	种名 *Hibiscus genevii* Bojer ex Hook. （佐妮薇朱槿） / 发源地 毛里求斯	8	种名 *Hibiscus liliiflorus* Griff. ex Mast. （百合朱槿） / 发源地 毛里求斯
9	种名 *Hibiscus arnottianus* A. Gray （阿诺特朱槿） / 发源地 夏威夷	10	种名 *Hibiscus hannerae* (O. Degener & I. Degener) Huppman （汉纳瑞朱槿） / 发源地 夏威夷
11	种名 *Hibiscus immaculatus* M. J. Roe （伊马库雷提斯朱槿） / 发源地 夏威夷	12	种名 *Hibiscus punaluuensis* (Skottsb.) O. Deg. & I. Deg. （普纳鲁恩西施朱槿） / 发源地 夏威夷
13	种名 *Hibiscus waimeae* A. Heller （怀米亚朱槿） / 发源地 夏威夷	14	种名 *Hibiscus clayi* O. Deg. & I. Deg. （克列依朱槿） / 发源地 夏威夷
15	种名 *Hibiscus kahilii* C. N. Forbes （卡希里朱槿） / 发源地 夏威夷	16	种名 *Hibiscus kokio* Hillebr. ex Wawra （库奇欧朱槿） / 发源地 夏威夷
17	种名 *Hibiscus saintjohnianus* M. J. Roe（圣约翰尼斯朱槿） / 发源地 夏威夷	18	种名 *Hibiscus rosa-sinensis* L. （中国朱槿） / 发源地 中国南部

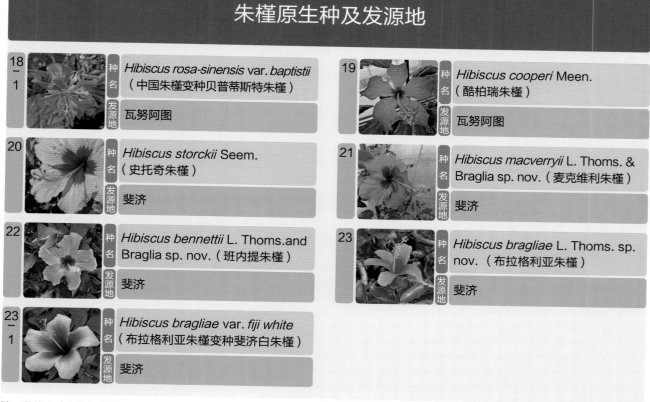

朱槿原生种及发源地

18－1		种名 *Hibiscus rosa-sinensis* var. *baptistii*（中国朱槿变种贝普蒂斯特朱槿）	19		种名 *Hibiscus cooperi* Meen.（酷柏瑞朱槿）
		发源地 瓦努阿图			发源地 瓦努阿图
20		种名 *Hibiscus storckii* Seem.（史托奇朱槿）	21		种名 *Hibiscus macverryii* L. Thoms. & Braglia sp. nov.（麦克维利朱槿）
		发源地 斐济			发源地 斐济
22		种名 *Hibiscus bennettii* L. Thoms.and Braglia sp. nov.（班内提朱槿）	23		种名 *Hibiscus bragliae* L. Thoms. sp. nov.（布拉格利亚朱槿）
		发源地 斐济			发源地 斐济
23－1		种名 *Hibiscus bragliae* var. *fiji white*（布拉格利亚朱槿变种斐济白朱槿）			
		发源地 斐济			

注：黄瑞连（台湾）供图。

目前，在国际朱槿协会（https://www.internationalhibiscussociety.org）注册登记的朱槿品种已超过24000种。

丹麦的格拉夫（GRAFF）公司、意大利的迪姆（DIEM S.R.L.Soc.Agr.）公司、美国的加州隐谷（Hidden Valley Hibiscus）、艾丽丝（Aris）公司及路易斯安那州的杜邦苗圃（DuPont Nursery），荷兰的艾格里姆（Agriom）公司，在朱槿的育种、繁殖和生产方面都非常有名。

目前，国内朱槿的栽培和育种水平与国际还有一定的差距。中国科学院华南国家植物园比较早开展这方面的研究，从20世纪70年代起就进行朱槿品种种质资源的引种和相关研究。中国热带农业科学院在海南朱槿品种资源的调查、花粉活力测定等也作了相关的研究。作为南宁市市花的特殊地位，南宁市园林科研所联合南宁青秀山在近10年，加大了对朱槿的引种及杂交育种、栽培等相关的研究工作，通过引种及杂交育种所获得的种质资源在国内已位列前茅。截至2023年，在园林绿化应用中，朱槿常见栽培品种仅仅30个左右，应用品种数量与其丰富的品种资源极不相配。朱槿作为优良的观赏植物，应该充分发挥其在园林景观中的美化作用。因此，在未来的朱槿研究工作中，需要重视杂交选育工作，实现标准化生产并加大应用、推广力度。

1. 大红花（*H. rosa-sinensis* 'Common Red'）

　　又名青杆吊钟，株型直立，长势强。枝密度中等，当年生枝条近绿色。叶柄长1～4.5cm，绿色；叶片中绿色，无复色，长4～10cm，宽3～8cm，长宽比大，裂刻浅，皱缩程度弱，叶缘锯齿中等，叶尖尖，叶基圆形。花单生于上部叶腋间，单瓣花，外层花瓣反卷，花瓣之间重叠程度弱；花梗长6.5～7.5cm；花径9～14cm；花瓣长6～7cm，宽3～5.5cm，窄倒卵形，缺刻强，无褶皱；有花心眼，心眼区小，无扩散。在春秋季，花心眼区主色深红色，花瓣内表面主色红色，无次色；花柱长6.5～7.5cm，柱头红色；花萼筒钟形，萼片三角形；小苞片披针形，7～9枚。

2. 阿芙洛狄 (*H. rosa-sinensis* 'Afrodite Red')

　　株型半直立，长势强。枝密度中等，当年生枝条近绿色或近紫色。叶柄长2.5～4.5cm，绿色；叶片深绿色，无复色，长4.5～8cm，宽4～7cm，长宽比小，裂刻浅，皱缩程度中等，叶缘锯齿中等，叶尖尖，叶基圆形。花单生于上部叶腋间，单瓣花，外层花瓣平展，花瓣之间重叠程度中等；花梗长6～8cm；花径12～15cm；花瓣长6～9cm，宽5～8cm，倒卵形，无缺刻，无褶皱；有花心眼，心眼区小，扩散长。在春秋季，花心眼区主色深红色，花瓣内表面主色橘红色，无次色；花柱长6～8cm，柱头多退化；花萼筒钟形，萼片三角形；小苞片披针形，5～7枚。

3. 格拉夫赫拉（*H. rosa-sinensis* 'Hela'）

　　株型半直立，长势强。枝密度中等，当年生枝条近绿色。叶柄长2.5～4.5cm，绿色；叶片中绿色，无复色，长4～7cm，宽4～7cm，长宽比小，裂刻极浅，皱缩程度弱，叶缘锯齿疏，叶尖钝尖，叶基圆形。花单生于上部叶腋间，单瓣花，外层花瓣斜展，花瓣之间重叠程度中等；花梗长1～3cm；花径15～18cm；花瓣长8～10cm，宽7～9cm，倒卵形，无缺刻，褶皱微弱；有花心眼，心眼区小，扩散短。在春秋季，花心眼区主色深红色，扩散粉色，花瓣内表面主色橙红色，无次色；花柱长6～8cm，柱头红色；花萼筒钟形，萼片三角形；小苞片披针形，7～9枚。

4. 基督的圣伤（*H. rosa-sinensis* 'Sugat ni Kristo'）

株型半直立，长势强。枝密度中等，当年生枝条近绿色或近褐色。叶柄长2～4.5cm，绿色或褐色；叶片中绿色，无复色，长4～7cm，宽4～6cm，长宽比中等，裂刻极浅，皱缩程度弱，叶缘锯齿疏，叶尖尖，叶基圆形。花单生于上部叶腋间，单瓣花，外层花瓣平展，花瓣之间重叠程度弱；花梗长1～3cm；花径12～17cm；花瓣长6.5～10cm，宽5～8cm，倒卵形，无缺刻，无褶皱；有花心眼，心眼区小，无扩散。在春秋季，花心眼区主色暗红色，花瓣内表面主色紫粉色，有白色斑点；花柱长7～10cm，柱头橙色；花萼筒钟形，萼长片三角形；小苞片披针形，7～9枚。

5. 野火 (*H. rosa-sinensis* 'Pink Versicolor')

　　株型直立，长势强，枝密度密。当年生枝条近绿色。叶柄长1.5～4.5cm，褐色；叶片浅绿色，无复色，长6～10cm，宽4.5～6cm，长宽比中等，无裂刻，皱缩程度弱，叶缘锯齿疏，叶尖尖，叶基圆形。花单生于上部叶腋间，单瓣花，外层花瓣斜展，花瓣之间重叠程度弱；花梗长2.5～6.5cm；花径11～13cm；花瓣长7.5～8cm，宽4～4.5cm，窄倒卵形，无缺刻，无褶皱；有花心眼，心眼区小，无扩散。在春秋季，花心眼区主色暗红色，花瓣内表面主色红色，无次色；花柱长7.5～8.5cm，柱头红色，花萼筒钟形；萼片长三角形；小苞片披针形，5～7枚。

6. 科伦拜恩（*H. rosa-sinensis* 'Columbine'）

株型直立，长势强，枝密度密，当年生枝条近绿色。叶柄长2.5～4.5cm，绿色；叶片浅绿色，无复色，长5.5～9.5cm，宽5～6.5cm，长宽比中等，裂刻中等，皱缩程度弱，叶缘锯齿中等，叶尖尖，叶基圆形。花单生于上部叶腋间，单瓣花，外层花瓣平展，花瓣之间重叠程度中等；花梗长2.5～4cm；花径7～9cm；花瓣长5～6cm，宽3～4.5cm，窄倒卵形，无缺刻，无褶皱；有花心眼，心眼区小，扩散很短。在春秋季，花心眼区主色暗红色，扩散粉色，花瓣内表面主色黄色，无次色；花柱长4～5cm，柱头橙色；花萼筒钟形，萼片长三角形；小苞片披针形，6～8枚。

7. 白云芝（*H. rosa-sinensis* 'White Versicolor'）

株型直立，长势强。枝密度密，当年生枝条近绿色。叶柄长4.5～6.5cm，绿色；叶片浅绿色，无复色，长7.5～12cm，宽5.5～9.5cm，长宽比中等，裂刻无或极浅，皱缩程度弱，叶缘锯齿中等，叶尖尖，叶基圆形。花单生于上部叶腋间，单瓣花，外层花瓣平展，花瓣之间重叠程度弱；花梗长6～8cm；花径10～13cm；花瓣长7～8cm，宽4～4.5cm，倒卵形，无缺刻，无褶皱；有花心眼，心眼区小，无扩散。在春秋季，花心眼区主色暗红色，花瓣内表面主色白色，无次色；花柱长8～10cm，柱头黄色；花萼筒钟形，萼片长三角形；小苞片披针形，5～7枚。

8. 橙衣（*H. rosa-sinensis* 'Cheng Yi'）

　　株型直立，长势强。枝密度密，当年生枝条近绿色。叶柄长3~5cm，绿色；叶片深绿色，无复色，长8~10cm，宽6.5~8.5cm，长宽比大，裂刻无或极浅，无皱缩，叶缘锯齿疏或无，叶尖钝尖，叶基圆形或心形。花单生于上部叶腋间，单瓣花，外层花瓣平展，花瓣之间重叠程度弱；花梗长6~8cm；花径13~15cm；花瓣长7~9cm，宽6~8cm，倒卵形，无缺刻，无褶皱；有花心眼，心眼区大，扩散大，在春秋季，花心眼区主色深红色，扩散橘红色，花瓣内表面主色橙色，无次色；花柱长6~8cm，柱头橙色；花萼筒钟形，萼片长三角形；小苞片披针形，5~7枚。

9. 七彩朱槿（*H. rosa-sinensis* 'Cooperi'）

　　株型直立，枝密度密。当年生枝条近紫色。叶柄长1～5cm，紫色；叶片中绿色、紫红色，有复色，复色浅黄色，长6～8cm，宽3～5.5cm，长宽比中等，裂刻无或极浅，皱缩程度弱，叶缘锯齿疏，叶尖尖，叶基圆形。花单生于上部叶腋间，单瓣花，外层花瓣反卷；花梗长6～8cm；花径9～14cm；花瓣长6～8cm，宽3～5cm，窄倒卵形，缺刻中等，褶皱程度弱；有花心眼，心眼区中等，扩散中等，在春秋季，花心眼区主色深红色，花瓣内表面主色红色，无次色；柱头红色；花萼筒钟形，萼片长三角形；小苞片线形。

10. 粉公主（*H. rosa-sinensis* 'Pink Princess'）

　　株型半直立，长势中等。枝密度密，当年生枝条近绿色。叶柄长0.5~2.5cm，绿色；叶片浅绿色，无复色，长3~7.5cm，宽2~5.5cm，长宽比大，裂刻无或极浅，皱缩程度弱，叶缘锯齿中等，叶尖尖，叶基圆形。花单生于上部叶腋间，单瓣花，外层花瓣平展，花瓣之间重叠程度强；花梗长1.5~2.5cm；花径11~14cm；花瓣长5.5~7cm，宽6~7.5cm，倒卵形，无缺刻，褶皱程度弱；有花心眼，心眼区小，无扩散，在春秋季，花心眼区主色白色，花瓣内表面主色粉色，无次色；花柱长5~6.5cm，柱头橙色；花萼筒钟形，萼片长三角形；小苞片披针形，6~8枚。

11. 薄妆 (*H. rosa-sinensis* 'Bo Zhuang')

株型半直立，长势中等。枝密度中等，当年生枝条近绿色。叶柄长3～6cm，绿色；叶片中绿色，无复色，长6.5～10cm，宽6～8.5cm，长宽比小，裂刻无或极浅，皱缩程度极弱，叶缘锯齿中等，叶尖钝尖，叶基圆形。花单生于上部叶腋间，单瓣花，外层花瓣平展，花瓣之间重叠程度中等；花梗长1.5～2cm；花径10～13cm；花瓣长6～8cm，宽5～6.5cm，倒卵形，无缺刻，无褶皱；无花心眼，在春秋季，花瓣内表面主色白色，次色粉色，分布于花瓣下部；花柱长5.5～7cm，柱头橙色；花萼筒钟形，萼片三角形；小苞片披针形，6～8枚。

12. 飞将军 (*H. rosa-sinensis* 'Fei Jiang Jun')

　　株型开展，长势强。枝密度中等，当年生枝条近绿色。叶柄长3～8cm，绿色；叶片中绿色，无复色，长10～11.5cm，宽8～11.5cm，长宽比小，裂刻无或极浅，皱缩程度强，叶缘锯齿疏，叶尖尖，叶基心形。花单生于上部叶腋间，单瓣花，外层花瓣平展，花瓣之间重叠程度强；花梗长3～4.5cm；花径13～17cm；花瓣长7～9cm，宽5～9.5cm，阔倒卵形，无缺刻，褶皱程度微弱；有花心眼，心眼区中等，扩散中等，在春秋季，花心眼区主色红色，花瓣内表面主色棕橘色，次色黄色，分布于花瓣下部，花脉橘粉色；花柱长6～7cm，柱头橙色；花萼筒钟形，萼片三角形；小苞片披针形，9～12枚。

13. 橘色恋曲（*H. rosa-sinensis* 'Orange Love Song'）

株型半直立，长势强。枝密度密，当年生枝条近绿色。叶柄长2～5cm，绿色；叶片浅绿色，无复色，长6～12.5cm，宽5～11cm，长宽比小，裂刻无或极浅，皱缩程度弱，叶缘锯齿中等，叶尖尖，叶基圆形。花单生于上部叶腋间，单瓣花，外层花瓣平展，花瓣之间重叠程度强；花梗长2～3cm；花径12～14cm；花瓣长6～7cm，宽6～7cm，阔倒卵形，无缺刻，褶皱程度微弱；有花心眼，心眼区中等，扩散中等，在春秋季，花心眼区主色粉色，花瓣内表面主色橘色，次色黄色，分布于花瓣先端；花柱长4～5cm，柱头黄色；花萼筒钟形，萼片三角形；小苞片披针形，8～9枚。

14. 美人花语（*H. rosa-sinensis* 'Beautiful Flower Language'）

　　株型直立，长势强。枝密度中等，当年生枝条近绿色。叶柄长 2.5～7cm，绿色；叶片深绿色，无复色，长 4～11cm，宽 4～12cm，长宽比小，裂刻无或极浅，皱缩程度弱，叶缘锯齿无或疏，叶尖钝尖，叶基圆形或心形。花单生于上部叶腋间，单瓣花，外层花瓣平展，花瓣之间重叠程度强；花梗长 3～6cm；花径 10～18cm；花瓣长 5.5～8.5cm，宽 5～7.5cm，阔倒卵形，无缺刻，无褶皱；有花心眼，心眼区中等，扩散长，在春秋季，花心眼主色红色，花瓣内表面主色粉色，次色粉白色，分布于花瓣先端；花柱长 5.5～7cm，柱头黄色；花萼筒钟形，萼片三角形；小苞片披针形，7～9 枚。

15. 胭脂泪（*H. rosa-sinensis* 'Yan Zhi Lei'）

　　株型半直立，长势强。枝密度密，当年生枝条近绿色。叶柄长1～2.5cm，绿色；叶片中绿色，无复色，长7～7.5cm，宽6～7.5cm，长宽比小，裂刻无或极浅，皱缩程度中等，叶缘锯齿疏，叶尖尖，叶基心形。花单生于上部叶腋间，单瓣花，外层花瓣平展，花瓣之间重叠程度强；花梗长2～3cm；花径12～15cm；花瓣长7～7.5cm，宽7～8cm，倒卵形，无缺刻，褶皱程度中等；有花心眼，心眼区中等，扩散中等，在春秋季，花心眼区主色深红色，花瓣内表面主色为红色，有黄色斑点；花柱长4.5～5cm，柱头橙色；花萼筒钟形，萼片三角形；小苞片披针形，7～9枚。

16. 梦幻之城（*H. rosa-sinensis* 'Dream City'）

　　株型直立，长势强。枝密度中等，当年生枝条近绿色。叶柄长2～3cm，绿色；叶片中绿色，无复色，长6～15cm，宽5～10cm，长宽比小，裂刻无或极浅，皱缩程度弱，叶缘锯齿疏，叶尖钝尖，叶基圆形或心形。花单生于上部叶腋间，单瓣花，外层花瓣平展，花瓣之间重叠程度中等；花梗长2～3.5cm；花径13～16cm；花瓣长6～10cm，宽6～10cm，倒卵形，无缺刻，褶皱程度弱；有花心眼，心眼区中等，无扩散，在春秋季，花心眼区主色红色，花瓣内表面主色紫色，次色粉色，分布于花瓣先端，第三色橘黄色，分布于花瓣先端；花柱长5～6cm；柱头黄色，花萼筒钟形；萼片三角形，小苞片披针形，5～7枚。

17. 柠檬红茶（*H. rosa-sinensis* 'Lemon Tea'）

　　株型半直立，长势强。枝密度密，当年生枝条近绿色。叶柄长2～4.5cm，绿色；叶片浅绿色，无复色，长8.5～12.5cm，宽7.5～10.5cm，长宽比中等，裂刻浅，皱缩程度弱，叶缘锯齿中等，叶尖钝尖，叶基心形。花单生于上部叶腋间，单瓣花，外层花瓣平展，花瓣之间重叠程度中等；花梗长2.5～4cm；花径13～17cm；花瓣长7.5～9cm，宽6～9cm，倒卵形，无缺刻，褶皱程度微弱；有花心眼，心眼区小，扩散中等，在春秋季，花心眼主色红色，扩散粉色，花瓣内表面主色黄色，次色橘色，分布于花瓣先端；花柱长6.5～8cm，柱头红色；花萼筒钟形，萼片长三角形；小苞片披针形，5～7枚。

18. 柠檬生活（*H. rosa-sinensis* 'Lemon Life'）

　　株型半直立，长势强。枝密度密，当年生枝条近绿色。叶柄长2～4cm，绿色；叶片深绿色，无复色，长6～11cm，宽5～10cm，长宽比小，裂刻浅，皱缩程度弱，叶缘锯齿疏，叶尖钝尖，叶基圆形。花单生于上部叶腋间，单瓣花，外层花瓣平展或反卷，花瓣之间重叠程度中等；花梗长3～4.5cm；花径14～16cm；花瓣长7～8cm，宽7～8cm，倒卵形，无缺刻，褶皱程度微弱；有花心眼，心眼区中等，扩散中等，在春秋季，花心眼主色玫红色，扩散粉色，花瓣内表面主色黄色，无次色；花柱长6～8cm，柱头黄色；花萼筒钟形，萼片长三角形；小苞片披针形，6～7枚。

19. 紫霞仙子（*H. rosa-sinensis* 'Purple Glow Fairy'）

　　株型直立，长势强。枝密度密，当年生枝条近绿色。叶柄长1～2cm，绿色；叶片中绿色，无复色，长4.5～6.5cm，宽5～6cm，长宽比小，裂刻无或极浅，皱缩程度强，叶缘锯齿疏或无，叶尖钝尖，叶基圆形或心形。花单生于上部叶腋间，单瓣花，外层花瓣平展，花瓣之间重叠程度强；花梗长2～2.5cm；花径10.5～16cm；花瓣长5～8cm，宽6～7cm，倒卵形，无缺刻，褶皱程度中等；有花心眼，心眼区小，扩散短，在春秋季，花心眼区主色紫色，扩散浅紫色，花瓣内表面主色灰紫色，次色粉红色，分布于花瓣先端；花柱长4～4.5cm，柱头橙色；花萼筒钟形，萼片三角形；小苞片披针形，5～7枚。

20. 日出（*H. rosa-sinensis* 'Sunrise'）

　　株型直立，长势强。枝密度疏，当年生枝条近绿色。叶柄长2～4cm，绿色；叶片中绿色，无复色，长5.5～9cm，宽5～8cm，长宽比小，裂刻浅，皱缩程度微弱，叶缘锯齿中等，叶尖尖，叶基钝形。花单生于上部叶腋间，单瓣花，外层花瓣平展，花瓣之间重叠程度中等；花梗长5～6.5cm；花径15～19cm；花瓣长9～9.5cm，宽6.5～8.5cm，倒卵形，无缺刻，褶皱程度微弱；无花心眼，在春秋季，花瓣内表面主色红色，无次色；花柱长9～11cm，柱头红色；花萼筒钟形，萼片三角形；小苞片披针形，5～8枚。

21. 北国之冬（*H. rosa-sinensis* 'Formosa Northland Winter'）

又名素梅。株型半直立，长势中等。枝密度中等，当年生枝条近绿色。叶柄长1～3cm，绿色；叶片中绿色，无复色，长5～9cm，宽4～7cm，长宽比小，无裂刻，皱缩程度中等，无叶缘锯齿，叶尖钝尖，叶基圆形。花单生于上部叶腋间，单瓣花，外层花瓣平展，花瓣之间重叠程度强；花梗长1.5～3cm；花径14～17cm；花瓣长7～8.5cm，宽7～8.5cm，阔倒卵形，无缺刻，褶皱程度中等；无花心眼，在春秋季，花瓣内表面主色白色，次色粉色，遍布于花瓣内表面；花柱长4～6cm，柱头橙色；花萼筒钟形，萼片长三角形；小苞片披针形，9～13枚。

22. 甜蜜恋曲（*H. rosa-sinensis* 'Sweet Love Song'）

　　株型直立，长势中等。枝密度中等，当年生枝条近绿色。叶柄长1.5～4cm，绿色；叶片中绿色，无复色，长5～10cm，宽4～7.5cm，长宽比中等，裂刻无或极浅，皱缩程度中等，叶缘锯齿疏，叶尖尖，叶基圆形。花单生于上部叶腋间，单瓣花，外层花瓣平展，花瓣之间重叠程度中等；花梗长1～4cm；花径14～17cm；花瓣长7～9cm，宽5～6cm，倒卵形，无缺刻，褶皱程度微弱；有花心眼，心眼区小，无扩散，在春秋季，花心眼区主色暗红色，花瓣内表面主色粉色，有白色斑点；花柱长4～4.5cm，柱头红色；花萼筒钟形，萼片长三角形；小苞片披针形，6～8枚。

23. 旭日（*H. rosa-sinensis* 'Cardinal'）

　　株型半直立，长势强。枝密度疏，当年生枝条近绿色。叶柄长1.5～5cm，绿色；叶片中绿色，无复色，长5～11cm，宽4.5～8cm，长宽比小，裂刻无或极浅，皱缩程度弱，叶缘锯齿疏，叶尖钝尖，叶基钝形。花单生于上部叶腋间，单瓣花，外层花瓣平展，花瓣之间重叠程度强；花梗长3～5cm；花径9～14.5cm；花瓣长4.5～7cm，宽4.5～8cm，倒卵形，无缺刻，褶皱程度弱；有花心眼，心眼区小，无扩散，在春秋季，花心眼区主色深红色，花瓣内表面主色红色，无次色；花柱长4.5～7.5cm，柱头红色；花萼筒钟形，萼片三角形；小苞片披针形，6～8枚。

24. 冰封的爱恋 (*H. rosa-sinensis* 'Shueishalian Frozen Love')

　　株型半直立，长势中等。枝密度中等，当年生枝条近绿色。叶柄长1.5～5cm，绿色；叶片中绿色，无复色，长5～12cm，宽4～8cm，长宽比中等，裂刻无或极浅，皱缩程度中等，叶缘锯齿疏，叶尖尖，叶基圆形。花单生于上部叶腋间，单瓣花，外层花瓣平展或反卷，花瓣之间重叠程度强；花梗长2～3cm；花径11～14cm；花瓣长6～8cm，宽6～7cm，倒卵形，无缺刻，褶皱程度微弱；有花心眼，心眼区大，扩散大，在春秋季，花心眼区主色深红色，扩散红色，花瓣内表面主色灰紫色，次色白色，遍布于花瓣内表面；花柱长5.5～6.5cm，柱头橙红色；花萼筒钟形，萼片三角形；小苞片披针形，5～7枚。

25. 月光迷情（*H. rosa-sinensis* 'Moonlight Love'）

　　株型直立，长势强。枝密度疏，当年生枝条近褐色。叶柄长 1～2.5cm，绿色；叶片浅绿色，无复色，长 6.5～10cm，宽 6～10cm，长宽比小，裂刻无或极浅，皱缩程度弱，叶缘锯齿中等，叶尖钝尖，叶基圆形。花单生于上部叶腋间，单瓣花，外层花瓣反卷，花瓣之间重叠程度强；花梗长 2.5～4.5cm；花径 12.5～16cm；花瓣长 6.5～8cm，宽 5～8cm，倒卵形，无缺刻，褶皱程度弱；有花心眼，心眼区小，无扩散，在春秋季，花心眼区主色玫红色，花瓣内表面主色紫粉色，次色紫色，分布于花瓣下部；花柱长 5～6cm，柱头橙色；花萼筒钟形，萼片三角形；小苞片披针形，6～8 枚。

26. 白玉蝴蝶（*H. rosa-sinensis* 'White Jade Butterfly'）

　　株型半直立，长势强。枝密度中等，当年生枝条近绿色。叶柄长1～3.5cm，绿色；叶片中绿色，无复色，长6.5～9cm，宽5.5～7.5cm，长宽比小，裂刻无或极浅，皱缩程度中等，叶缘锯齿中等，叶尖钝尖，叶基圆形。花单生于上部叶腋间，单瓣花，外层花瓣反卷，花瓣之间重叠程度强；花梗长3～4cm；花径13～16cm；花瓣长7.5～8.5cm，宽6～8.5cm，倒卵形，无缺刻，褶皱程度微弱；有花心眼，心眼区小，扩散短，在春秋季，花心眼区主色红色，花瓣内表面主色紫粉色，有白色斑点，次色黄白色，分布于花瓣先端；花柱长2.5～6.5cm，柱头黄色；花萼筒钟形，萼片三角形；小苞片披针形，5～9枚。

27. 紫凤来仪（*H. rosa-sinensis* 'Zi Feng Lai Yi'）

　　株型半直立，长势强。枝密度中等，当年生枝条近绿色。叶柄长1～2.5cm，绿色；叶片中绿色，无复色，长4～6.5cm，宽4～6.5cm，长宽比小，裂刻无或极浅，皱缩程度中等，叶缘锯齿疏，叶尖钝尖，叶基心形。花单生于上部叶腋间，单瓣花，外层花瓣平展，花瓣之间重叠程度中等；花梗长1～3cm；花径12～15cm；花瓣长6～8cm，宽5～6.5cm，倒卵形，无缺刻，无褶皱；有花心眼，心眼区大，扩散中等，在春秋季，花心眼区主色紫粉色，花瓣内表面主色紫色，次色玫红色，分布于花瓣下部，花脉浅粉色；花柱长5～7cm，柱头橙红色；花萼筒钟形，萼片三角形；小苞片披针形，5～6枚。

28. 钻石柠檬（*H. rosa-sinensis* 'Diamond Lemon'）

　　株型半直立，长势强。枝密度中等，当年生枝条近绿色。叶柄长2.5～4cm，绿色；叶片中绿色，无复色，长9～10cm，宽7～9cm，长宽比小，裂刻无或极浅，皱缩程度弱，叶缘锯齿中等，叶尖钝尖，叶基圆形或心形。花单生于上部叶腋间，单瓣花，外层花瓣平展，花瓣之间重叠程度中等；花梗长2.5～4.5cm；花径15～17cm；花瓣长8～9cm，宽6.5～8cm，倒卵形，无缺刻，褶皱程度微弱；有花心眼，心眼区中等，扩散短，在春秋季，花心眼区主色深红色，扩散粉色，花瓣内表面主色黄色，次色白色，分布于花瓣下部；花柱长7～8cm，柱头红色；花萼筒钟形，萼片三角形；小苞片披针形，5～7枚。

29. 琉璃仙境（*H. rosa-sinensis* 'Taiwan Lazurite Wonderland'）

株型直立，长势中等。枝密度疏，当年生枝条近绿色。叶柄长1～3cm，绿色；叶片深绿色，无复色，长4～7cm，宽4.5～8cm，长宽比小，裂刻浅，皱缩程度中等，叶缘锯齿中等，叶尖圆形，叶基心形。花单生于上部叶腋间，单瓣花，外层花瓣平展，花瓣之间重叠程度中等；花梗长1.5～2.5cm；花径12～13cm；花瓣长6～6.5cm，宽5.5～6cm，倒卵形，无缺刻，褶皱程度弱；有花心眼，心眼区小，扩散短，在春秋季，花心眼区主色深红色，扩散粉色，花瓣内表面主色黄色，次色橘棕色，分布于花瓣下部，第三色白色，分布于花瓣下部；花柱长4～5cm，柱头黄色；花萼筒钟形，萼片三角形；小苞片披针形，7～8枚。

30. 空中花园（*H. rosa-sinensis* 'Moorea Hanging Garden'）

　　株型半直立，长势中等。枝密度中等，当年生枝条近绿色。叶柄长1.5~4cm，绿色；叶片中绿色，无复色，长7.5~13.5cm，宽6~11cm，长宽比小，裂刻无或极浅，皱缩程度强，叶缘锯齿疏，叶尖钝尖，叶基楔形。花单生于上部叶腋间，单瓣花，外层花瓣反卷，花瓣之间重叠程度中等；花梗长3~6cm；花径14~20cm；花瓣长7.5~11cm，宽7.5~11cm，阔倒卵形，无缺刻，褶皱程度中等；有花心眼，心眼区小，扩散短，在春秋季，花心眼区主色紫红色，花瓣内表面主色灰紫色，次色黄绿色，呈斑块或斑点状遍布于花瓣内表面，第三色紫粉色，分布于花瓣先端；花柱长6~10cm，柱头橙色；花萼筒钟形，萼片三角形；小苞片披针形，6~8枚。

31. 黄蝶（*H. rosa-sinensis* 'Yellow Butterfly'）

　　株型半直立，长势中等。枝密度中等，当年生枝条近绿色。叶柄长2～4cm，绿色；叶片中绿色，无复色，长5～9cm，宽4～8cm，长宽比中等，裂刻无，皱缩程度弱，叶缘锯齿疏，叶尖钝尖，叶基圆形。花单生于上部叶腋间，单瓣花，外层花瓣反卷，花瓣之间重叠程度中等；花梗长3～4cm；花径15～17cm；花瓣长7～8cm，宽6～7.5cm，倒卵形，无缺刻，褶皱程度弱；有花心眼，心眼区中等，扩散中等，在春秋季，花心眼区主色深红色，扩散粉色，花瓣内表面主色棕橘色，次色橙色，分布于花瓣先端；花柱长6～7cm，柱头橙色；花萼筒钟形，萼片三角形；小苞片披针形，5～7枚。

32. 梦见大溪地（*H. rosa-sinensis* 'Dreaming Of Tahiti'）

　　株型半直立，长势中等。枝密度中等，当年生枝条近绿色。叶柄长2.5～3cm，绿色；叶片中绿色，无复色，长7.5～9cm，宽8.5～9cm，长宽比小，裂刻无或极浅，皱缩程度中等，叶缘锯齿疏，叶尖钝尖，叶基心形。花单生于上部叶腋间，单瓣花，外层花瓣斜展或平展，花瓣之间重叠程度中等；花梗长2.5～4cm；花径14～17cm；花瓣长7～8.5cm，宽6～8cm，倒卵形，无缺刻，无褶皱；有花心眼，心眼区中等，无扩散，在春秋季，花心眼区主色暗红色，花瓣内表面主色紫红色，次色黄白色，分布于花瓣先端。花柱长5～6.5cm，柱头橙色；花萼筒钟形，萼片三角形；小苞片披针形，7～9枚。

33. 紫色魔术 (*H. rosa-sinensis* 'Purple Magic')

　　株型直立,长势中等。枝密度中等,当年生枝条近绿色。叶柄长2～4cm,绿色;叶片中绿色,无复色,长5～8cm,宽4～7cm,长宽比中等,无裂刻,皱缩程度微弱,无叶缘锯齿,叶尖钝尖,叶基心形或圆形。花单生于上部叶腋间,单瓣花,外层花瓣斜展,花瓣之间重叠程度中等;花梗长1.5～2cm;花径15～17cm;花瓣长7.5～8.5cm,宽6～7cm,阔倒卵形,无缺刻,无褶皱;有花心眼,心眼区中等,扩散中等,在春秋季,花心眼区主色深红色,花瓣内表面主色紫红色,有白色斑点,次色浅粉色,分布于花瓣先端;花柱长7～8cm,柱头橙黄色;花萼筒钟形,萼片三角形;小苞片披针形,8～10枚。

34. 大溪地王子（*H. rosa-sinensis* 'Tahitian Prince'）

　　株型直立，长势强。枝密度中等，当年生枝条近绿色。叶柄长1.5～4.5cm，绿色；叶片深绿色，无复色，长6～13.5cm，宽6～15.5cm，长宽比小，裂刻无或极浅，皱缩程度微弱，叶缘锯齿疏，叶尖钝尖，叶基心形。花单生于上部叶腋间，单瓣花，外层花瓣平展，花瓣之间重叠程度强；花梗长2.5～3.5cm；花径12～15cm；花瓣长6.5～7.5cm，宽6～6.5cm，倒卵形，无缺刻，褶皱程度弱；有花心眼，心眼区小，扩散短，在春秋季，花心眼区主色玫红色，花瓣内表面主色浅紫色，次色白色，分布于花瓣先端，第三色灰色，分布于花瓣下部；花柱长4～5cm，柱头黄色；花萼筒钟形，萼片三角形；小苞片披针形，8～9枚。

35. 台湾魔术鼬（*H. rosa-sinensis* 'Taiwan Magic stoat'）

　　株型开展，长势强。枝密度中等，当年生枝条近绿色。叶柄长2～6cm，绿色；叶片深绿色，无复色，长5～15cm，宽4～13cm，长宽比小，裂刻无或极弱，皱缩程度微弱，叶缘锯齿疏，叶尖钝尖，叶基圆形。花单生于上部叶腋间，单瓣花，外层花瓣平展，花瓣之间重叠程度强；花梗长3～4cm；花径15～17cm；花瓣长7.5～8.5cm，宽6～7cm，阔倒卵形，无缺刻，褶皱程度弱；有花心眼，心眼区中等，扩散中等，在春秋季，花心眼区主色粉红色，花瓣内表面主色灰紫色，有白色斑点，次色橙红色，分布于花瓣先端；花柱长8～9cm，柱头红色；花萼筒钟形，萼片三角形；小苞片披针形，6～9枚。

36. 部落格大道（*H. rosa-sinensis* 'RMMA Blog Avenues'）

　　株型半直立，长势中等。枝密度疏，当年生枝条近绿色。叶柄长3～5.5cm，绿色；叶片中绿色，无复色，长5～9cm，宽6～10cm，长宽比小，无裂刻，皱缩程度微弱，无叶缘锯齿，叶尖钝尖，叶基心形。花单生于上部叶腋间，单瓣花，外层花瓣平展，花瓣之间重叠程度中等；花梗长2～3cm；花径12～14cm；花瓣长6～7cm，宽6.5～7.5cm，阔倒卵形，无缺刻，褶皱程度微弱；有花心眼，心眼区小，无扩散，在春秋季，花心眼区主色粉色，花瓣内表面主色灰紫色，次色紫粉色，分布于花瓣先端，第三色浅紫色，分布于花瓣下部；花柱长5～6cm，柱头橙色；花萼筒钟形，萼片长三角形；小苞片披针形，7～9枚。

37. 玫瑰星云（*H. rosa-sinensis* 'Asia Rosette Nebula'）

株型半直立，长势中等。枝密度中等，当年生枝条近绿色。叶柄长2～6cm，绿色；叶片深绿色，无复色，长6～13cm，宽5～12cm，长宽比中等，裂刻无或极浅，皱缩程度微弱，叶缘锯齿疏，叶尖钝尖，叶基钝形。花单生于上部叶腋间，单瓣花，外层花瓣平展，花瓣之间重叠程度强；花梗长2～2.5cm；花径13～14cm；花瓣长6～7cm，宽7～7.5cm，阔倒卵形，无缺刻，褶皱程度强；有花心眼，心眼区中等，扩散长，在春秋季，花心眼区主色粉色，花瓣内表面主色紫红色，次色黄白色，呈斑块或斑点状遍布于花瓣内表面；花柱长4～5cm，柱头红色；花萼筒钟形，萼片三角形；小苞片披针形，6～8枚。

38. 梅杜莎的眼泪（*H. rosa-sinensis* 'Medusa's Tears'）

株型开展，长势中等。枝密度中等，当年生枝条近绿色。叶柄长3～4.5cm，绿色；叶片中绿色，无复色，长5～10cm，宽5～10cm，长宽比小，裂刻浅，皱缩程度微弱，叶缘锯齿密，叶尖钝尖，叶基圆形。花单生于上部叶腋间，单瓣花，外层花瓣平展，花瓣之间重叠程度中等；花梗长2～4cm；花径12～14cm；花瓣长6～7cm，宽7～8cm，阔倒卵形，无缺刻，褶皱程度弱；有花心眼，心眼区小，无扩散，在春秋季，花心眼区主色玫红色，花瓣内表面主色紫色，次色灰紫色，分布于花瓣下部；花柱长4～6cm，柱头橙色；花萼筒钟形，萼片长三角形；小苞片披针形，5～7枚。

39. 新美紫（*H. rosa-sinensis* 'Xin Mei Zi'）

　　株型半直立，长势中等。枝密度中等，当年生枝条近绿色。叶柄长2～3cm，绿色；叶片中绿色，无复色，长6～11cm，宽5～10cm，长宽比小，裂刻无或极浅，皱缩程度弱，叶缘锯齿密，叶尖钝尖，叶基圆形。花单生于上部叶腋间，单瓣花，外层花瓣斜展，花瓣之间重叠程度中等；花梗长2～4cm；花径12～14cm；花瓣长6～7cm，宽5～6cm，倒卵形，无缺刻，褶皱程度微弱；有花心眼，心眼区中等，无扩散，在春秋季，花心眼区主色浅紫色，花瓣内表面主色紫色，次色玫粉色，遍布于花瓣表面；花柱长2～4cm，柱头红色；花萼筒钟形，萼片长三角形；小苞片披针形，7～8枚。

40. 巧克力蛋糕（*H. rosa-sinensis* 'Chocolate Cake'）

　　株型半直立，长势中等。枝密度疏，当年生枝条近绿色。叶柄长2～3cm，绿色；叶片浅绿色，无复色，长5～8cm，宽5～7cm，长宽比中等，裂刻无或极浅，皱缩程度弱，叶缘锯齿疏，叶尖钝尖，叶基圆形或心形。花单生于上部叶腋间，单瓣花，外层花瓣平展，花瓣之间重叠程度强；花梗长3.5～4.5cm；花径9～14.5cm；花瓣长6～7cm，宽4.5～5.5cm，倒卵形，无缺刻，褶皱程度弱；有花心眼，心眼区中等，无扩散，在春秋季，花心眼区主色紫粉色，花瓣内表面主色黄色，次色棕色，分布于花瓣边缘；花柱长5～7.5cm，柱头橙色；花萼筒钟形，萼片三角形；小苞片披针形，7～11枚。

41. 金塔（*H. rosa-sinensis* 'El Capitolio Sport'）

株型直立，长势强。枝密度密，当年生枝条近绿色。叶柄长3～5cm，绿色；叶片深绿色，无复色，长7～10cm，宽4～7cm，长宽比大，裂刻无或极浅，皱缩程度弱，叶缘锯齿疏，叶尖尖，叶基钝形。花单生于上部叶腋间，单瓣花，外层花瓣反卷，花瓣之间无重叠，花形呈吊钟塔状；花梗长5～8cm；花径9～14cm；花瓣长6～7cm，宽3～6cm，窄倒卵形，缺刻弱，褶皱程度弱；有花心眼，心眼区中等，扩散长，在春秋季，花心眼主色红色，扩散粉色，花瓣内表面主色金色；花柱5～8cm，瓣化，柱头橙红色；花萼筒钟形，萼片三角形；小苞片披针形，7～9枚。

（Dr. Prantar Goswami供图）　　　　（Dr. Prantar Goswami供图）

42. 红塔（*H. rosa-sinensis* 'El Capitolio'）

株型直立，长势强。枝密度密，当年生枝条近绿色。叶柄长 2～4cm，绿色；叶片深绿色，无复色，长 7～10cm，宽 4～6cm，长宽比大，裂刻无或极浅，皱缩程度弱，叶缘锯齿疏，叶尖尖，叶基钝形。花单生于上部叶腋间，单瓣花，外层花瓣反卷，花瓣之间无重叠，花形呈吊钟塔状；花梗长 5～8cm；花径 9～14cm；花瓣长 6～7cm，宽 3～6cm，窄倒卵形，缺刻弱，褶皱程度弱；有花心眼，心眼区中等，无扩散，在春秋季，花心眼主色深红色，花瓣内表面主色红色；花柱 5～8cm，瓣化，柱头红色；花萼筒钟形，萼片三角形；小苞片披针形，7～9 枚。

43. 裂瓣朱槿（*Hibiscus schizopetalus* (Masters) Hook. f.）

　　又名吊灯扶桑，灯笼花。株型直立，长势强。枝密度密，当年生枝条近绿色。叶柄长2～5cm，绿色；叶片深绿色，无复色，长9～12cm，宽4～6cm，长宽比大，裂刻无或极浅，皱缩程度弱，叶缘锯齿疏，叶尖尖，叶基钝形。花单生于上部叶腋间，单瓣花，外层花瓣反卷，花瓣之间无重叠；花梗长5～10cm；花径9～14cm；花瓣长6～7cm，宽3～6cm，缺刻强；有花心眼，在春秋季，花心眼主色深红色，花瓣内表面主色红色，有时花瓣呈橙红色；花柱5～11cm，柱头红色；花萼筒钟形，萼片三角形；小苞片披针形。

44. 紫韵红莲（*H. rosa-sinensis* 'Zi Yun Hong Lian'）

　　株型直立，长势强。枝密度中等，当年生枝条近绿色。叶柄长1～4.5cm，绿色；叶片深绿色，无复色，长4～11cm，宽4～10cm，长宽比小，裂刻无或极浅，皱缩程度弱，叶缘锯齿疏，叶尖圆形或钝尖，叶基圆形或心形。花单生于上部叶腋间，单瓣花，外层花瓣平展，花瓣之间重叠程度强；花梗长2～4cm；花径12～16.5cm；花瓣长6～8cm，宽7～8cm，阔倒卵形，无缺刻，褶皱程度无或弱；有花心眼，心眼区中等，无扩散，在春秋季，花心眼区主色暗红色，花瓣内表面主色深紫色，有粉色斑点，次色紫色，分布于花瓣先端；花柱长4～7cm，柱头橙色；花萼筒钟形，萼片三角形；小苞片披针形，7～9枚。

45. 红羽（*H. rosa-sinensis* 'Red Plume'）

　　株型直立，长势强。枝密度中等，当年生枝条近绿色。叶柄长1～4cm，绿色；叶片中绿色，无复色，长4～10cm，宽3～9cm，长宽比小，裂刻无或极浅，皱缩程度弱，叶缘锯齿疏，叶尖钝尖，叶基心形。花单生于上部叶腋间，单瓣花，外层花瓣平展或反卷，花瓣之间重叠程度强；花梗长1～4cm；花径14～17cm；花瓣长8～8.5cm，宽7～9cm，阔倒卵形，无缺刻，褶皱程度无或微弱；有花心眼，心眼区中等，扩散中等，在春秋季，花心眼区主色紫红色，扩散紫粉色，花瓣内表面主色红色，次色粉色，分布于花瓣先端；花柱长5～7cm，柱头橙色；花萼筒钟形，萼片三角形；小苞片披针形，9～11枚。

46. 烟火 (*H. rosa-sinensis* 'Firework')

　　株型直立，长势强。枝密度中等，当年生枝条近绿色。叶柄长2.5～4.5cm，绿色；叶片深绿色，无复色，长5～7.5cm，宽5.5～9cm，长宽比小，裂刻无或极浅，皱缩程度弱，叶缘锯齿疏，叶尖钝尖，叶基圆形。花单生于上部叶腋间，单瓣花，外层花瓣平展，花瓣重叠程度中等；花梗长2～3.5cm；花径10～13.5cm；花瓣长6.5～7.5cm，宽4.5～6cm，倒卵形，无缺刻，褶皱程度无或微弱；有花心眼，心眼区中等，扩散长，在春秋季，花心眼区主色粉色，扩散浅粉色，花瓣内表面主色玫粉色，次色灰紫色，分布于花瓣下部；花柱长4～6cm，柱头橙色；花萼筒钟形，萼片三角形；小苞片披针形，6～7枚。

47. 加勒比燃烧的心（*H. rosa-sinensis* 'Caribbean Burning Heart'）

株型半直立，枝密度中等。枝密度中等，当年生枝条近褐色或近绿色。叶柄长3～5cm，绿色或紫色；叶片中绿色，无复色，长5～10cm，宽5.5～11cm，长宽比小，裂刻无或极浅，皱缩程度弱，叶缘锯齿中等，叶尖钝尖，叶基楔形或心形。花单生于上部叶腋间，单瓣花，外层花瓣平展，花瓣重叠程度中等；花梗长2～4cm；花径13～15cm；花瓣长6.5～7.5cm，宽6～7cm，倒卵形，无缺刻，褶皱程度中等；有花心眼，心眼区大，扩散短，在春秋季，花心眼区主色深红色，花瓣内表面主色黄色，次色橙色，遍布于花瓣内表面，第三色浅紫色，分布于花瓣下部；花柱4～6cm，柱头橙色；花萼筒钟形，萼片三角形；小苞片披针形，6～9枚。

48. 海洋之心（*H. rosa-sinensis* 'Heart Of Ocean'）

　　株型开展，长势强。枝密度中等，当年生枝条近绿色。叶柄长1.5～4cm，绿色；叶片中绿色，无复色，长4～10cm，宽4～10cm，长宽比小，裂刻无或极浅，皱缩程度弱，叶缘锯齿中等，叶尖钝尖，叶基圆形。花单生于上部叶腋间，单瓣花，外层花瓣反卷，花瓣重叠程度中等；花梗长2～4cm；花径9～13cm；花瓣长5～7cm，宽5～7cm，倒卵形，无缺刻，褶皱程度微弱；有花心眼，心眼区中等，无扩散，在春秋季，花心眼区主色暗红色，有粉色斑块，花瓣内表面主色暗紫色，有白色斑点，无次色；花柱长4～6cm，柱头橙色；花萼筒钟形，萼片三角形；小苞片披针形，7～9枚。

49. 古董珍宝（*H. rosa-sinensis* 'Antique Treasure'）

株型半直立，长势中等。枝密度疏，当年生枝条近绿色。叶柄长2～4cm，绿色；叶片中绿色，无复色，长6～12cm，宽4～10cm，长宽比大，无裂刻，皱缩程度微弱，无叶缘锯齿，叶尖尖，叶基圆形。花单生于上部叶腋间，单瓣花，外层花瓣反卷，花瓣重叠程度强；花梗长2～4cm；花径14～15cm；花瓣长7～7.5cm，宽7～7.5cm，阔倒卵形，无缺刻，褶皱程度微弱；有花心眼，心眼区中等，扩散中等，在春秋季，花心眼区主色玫粉色，花瓣内表面主色棕色，有黄色斑点；花柱长5～6cm，柱头红色；花萼筒钟形，萼片长三角形；小苞片披针形，5～7枚。

50. 月夜彩虹 (*H. rosa-sinensis* 'Yue Ye Cai Hong')

株型半直立，长势中等。枝密度中等，当年生枝条近绿色。叶柄长 2～3.5cm，绿色；叶片浅绿色，无复色，长 5.5～8cm，宽 5～7.5cm，长宽比小，裂刻无或极浅，皱缩程度微弱，叶缘锯齿中等，叶尖钝尖，叶基楔形。花单生于上部叶腋间，单瓣花，外层花瓣斜展或平展，花瓣重叠程度中等；花梗长 2～3cm；花径 10～11cm；花瓣长 6～7cm，宽 5～5.5cm，倒卵形，无缺刻，无褶皱；有花心眼，心眼区中等，无扩散，在春秋季，花心眼区主色浅黄色，花瓣内表面主色红色，次色黄色，呈斑块状遍布于花瓣内表面；花柱长 6.5～7.5cm，柱头红色；花萼筒钟形，萼片长三角形；小苞片披针形，5～7枚。

51. 情人节（*H. rosa-sinensis* 'Valentine's Day'）

株型直立，长势中等。枝密度中等，当年生枝条近绿色。叶柄长3～5cm，绿色；叶片浅绿色，无复色，长8～11cm，宽8～11cm，长宽比大，裂刻极浅，皱缩程度微弱，叶缘锯齿中等，叶尖钝尖，叶基心形或圆形。花单生于上部叶腋间，单瓣花，外层花瓣平展或反卷，花瓣重叠程度强；花梗长3～5cm；花径17～21cm；花瓣长9～10.5cm，宽8.5～10cm，倒卵形，无缺刻，褶皱程度微弱；有花心眼，心眼区大，无扩散，在春秋季，花心眼区主色暗红色，花瓣内表面主色红色，次色粉色，分布于花瓣先端；花柱长8.5～9.5cm，柱头橙色；花萼筒钟形，萼片长三角形；小苞片披针形，5～7枚。

52. 湿婆（*H. rosa-sinensis* 'Shiva'）

　　株型半下垂，长势强。枝密度中等，当年生枝条近绿色。叶柄长2～4cm，绿色；叶片中绿色，无复色，长7～9cm，宽5～8cm，长宽比中等，裂刻无或极浅，皱缩程度弱，叶缘锯齿疏，叶尖钝尖，叶基楔形。花单生于上部叶腋间，单瓣花，外层花瓣平展，花瓣之间重叠程度强；花梗长3～5cm；花径10～14cm；花瓣长5～5.5cm，宽5～5.5cm，阔倒卵形，缺刻无或很弱，褶皱程度无或微弱；有花心眼，心眼区大，无扩散，在春秋季，花心眼区主色暗红色，花瓣内表面主色灰棕色，次色黄色，呈斑块或斑点状遍布于花瓣内表面，第三色灰紫色，分布于花瓣下部；花柱长5～5.5cm，柱头红色；花萼筒钟形，萼片三角形；小苞片披针形。

53. 粉衣（*H. rosa-sinensis* 'Chong Ban Fen'）

株型半直立，长势强。枝密度密，当年生枝条近褐色。叶柄长3～5cm，绿色；叶片深中绿色，无复色，长5～8cm，宽3～6cm，长宽比中等，裂刻无或极浅，皱缩程度弱，叶缘锯齿疏，叶尖钝尖，叶基心形或圆形。花单生于上部叶腋间，半重瓣花，外层花瓣平展，瓣化花数量少；花梗长1～3cm；花径10～14cm；花瓣长4～8cm，宽2～7cm，倒卵形，无缺刻，褶皱程度弱；有花心眼，心眼区小，无扩散，在春秋季，花心眼主色红色，花瓣内表面主色粉色，无次色；花柱瓣化，柱头橙红色；花萼筒碗形，萼片三角形；小苞片披针形，7～9枚。

54. 黄油球（*H. rosa-sinensis* 'Huang You Qiu'）

　　株型直立，长势中等。枝密度中等，当年生枝条近绿色。叶柄长2～3.5cm，绿色；叶片中绿色，无复色，长5～8.5cm，宽4～6.5cm，长宽比大，裂刻无或极浅，皱缩程度无或微弱，叶缘锯齿中等，叶尖钝尖，叶基心形。花单生于上部叶腋间，重瓣花，外层花瓣平展，瓣化数量多；花梗长3～4cm；花径9.5～11cm；花瓣长4～5cm，宽2～4cm，窄倒卵形，无缺刻，褶皱程度微弱；无花心眼，在春秋季，花瓣内表面主色黄色，无次色；花柱长3～4cm，瓣化，柱头黄色；花萼筒钟形，萼片长三角形；小苞片披针形，5～6枚。

55. 红龙朱槿（*H. rosa-sinensis* 'Carnation'）

　　又名黑珍珠。株型直立，长势强。枝密度中等，当年生枝条近绿色。叶柄长2～4cm，绿色；叶片深绿色，无复色，长7.5～12.5cm，宽5.5～8.5cm，长宽比大，裂刻极浅，皱缩程度微弱，叶缘锯齿疏，叶尖尖，叶基钝形。花单生于上部叶腋间，重瓣花，外层花瓣平展，瓣化数量多；花梗长5～7cm；花径7～8.5cm；花瓣长3～5cm，宽2～4cm，窄倒卵形，无缺刻，褶皱程度强；无花心眼，在春秋季，花瓣内表面主色红色，无次色；花柱长1.5～2cm，瓣化，柱头红色；花萼筒钟形，萼片三角形；小苞片披针形，6～7枚。

56. 粉团贵妃（*H. rosa-sinensis* 'Kona'）

株型直立，长势强。枝密度中等，当年生枝条近紫色。叶柄长 1～3cm，绿色或紫色；叶片中绿色，有复色，复色为紫色，分布在叶片边缘，长 5～9cm，宽 4～7.5cm，长宽比中等，裂刻无或极浅，皱缩程度中等，叶缘锯齿中等，叶尖尖，叶基钝形。花单生于上部叶腋间，重瓣花，外层花瓣平展，瓣化花数量中等；花梗长 3～5cm；花径 10～11cm；花瓣长 4～5cm，宽 2～3.5cm，窄倒卵形，无缺刻，褶皱程度微弱；无花心眼，在春秋季，花瓣内表面主色粉色，无次色；花柱长 4～5cm，柱头红色（部分无柱头）；花萼筒碗形，萼片三角形；小苞片披针形，5～6枚。

57. 格拉夫美杜莎（*H. rosa-sinensis* 'Medusa'）

　　株型半直立，长势强。枝密度密，当年生枝条近绿色。叶柄长3～5cm，绿色；叶片中绿色，无复色，长4～8cm，宽4～8cm，长宽比中等，无裂刻，皱缩程度中等，叶缘锯齿疏，叶尖钝尖，叶基心形或圆形。花单生于上部叶腋间，重瓣花，外层花瓣反卷，瓣化花数量中等；花梗长2～3cm；花径5～8cm；花瓣长3～7cm，宽2～5cm，倒卵形，无缺刻，褶皱程度弱；有花心眼，心眼扩散小，在春秋季，花心眼主色暗红色，花瓣内表面主色红色，无次色；花柱瓣化，柱头红色（部分无柱头）；花萼筒碗形，萼片三角形；小苞片披针形，7～9枚。

58. 朱砂红（*H. rosa-sinensis* 'Anderson's Double Yellow Red'）

株型直立，长势强。枝密度密，当年生枝条近绿色。叶柄长2～3.5cm，绿色；叶片中绿色，无复色，长6～8cm，宽5～7cm，长宽比小，无裂刻，皱缩程度弱，叶缘锯齿中等，叶尖尖，叶基圆形。花单生于上部叶腋间，半重瓣花，外层花瓣平展，瓣化花数量中等；花梗长2～2.5cm；花径10～12.5cm；花瓣长3～8cm，宽3～6cm，窄倒卵形，无缺刻，褶皱程度弱；无花心眼，在春秋季，花瓣内表面主色红色，无次色；花柱瓣化，柱头红色（部分无柱头）；花萼筒钟形，萼片长三角形；小苞片披针形，5～7枚。

59. 甜芋蛋糕（*H. rosa-sinensis* 'Formosa Sweet Taros Cake'）

　　株型半直立，长势强。枝密度中等，当年生枝条近绿色。叶柄长2～4cm，绿色；叶片浅绿色，无复色，长8～14cm，宽7～10cm，长宽比中等，裂刻浅，皱缩程度弱，叶缘锯齿中等，叶尖尖，叶基圆形。花单生于上部叶腋间，重瓣花，外层花瓣平展，瓣化花数量多；花梗长2～3cm；花径9～11cm；花瓣长3～8cm，宽2～7cm，倒卵形，无缺刻，褶皱程度弱；无花心眼，在春秋季，花瓣内表面主色紫色，次色粉色，分布于花瓣先端；花萼筒碗形，萼片三角形；小苞片披针形，7～9枚。

60. 尤达大师（*H. rosa-sinensis* 'Yoda'）

又名尤达生活。株型直立，长势中等。枝密度中等，当年生枝条近绿色。叶柄长1.3～3cm，绿色；叶片深绿色，无复色，长6.5～11cm，宽5.5～9.5cm，长宽比中等，裂刻无或极浅，皱缩程度微弱，叶缘锯齿疏，叶尖钝尖，叶基圆形或心形。花单生于上部叶腋间，半重瓣花，外层花瓣平展，瓣化花数量少；花梗长3～5cm；花径11～12.5cm；花瓣长5～7cm，宽4～7cm，阔倒卵形，无缺刻，褶皱程度弱；有花心眼，心眼区中等，无扩散，在春秋季，花心眼主色紫粉色，扩散浅粉色，花瓣内表面主色红色，次色黄色，分布于花瓣先端；花柱瓣化，柱头黄色；花萼筒碗形，萼片三角形；小苞片披针形，7～9枚。

61. 黑桃皇后（*H. rosa-sinensis* 'Queen Of Spades'）

株型直立，长势中等。枝密度中等，当年生枝条近绿色。叶柄长3～4cm，绿色；叶片中绿色，无复色，长7～9cm，宽5～8cm，长宽比中等，裂刻无或极浅，皱缩程度弱，叶缘锯齿疏，叶尖钝尖，叶基圆形。花单生于上部叶腋间，重瓣花，花型变化大，温度高时重瓣程度减弱，可开单瓣花，外层花瓣平展；花梗长4.5～6cm；花径9～13cm；花瓣长5～7cm，宽3～7cm，倒卵形，无缺刻，褶皱程度中等；有花心眼，心眼区中等，扩散长，在春秋季，花心眼主色红色，扩散粉色，花瓣内表面主色红褐色，次色红色，分布于花瓣先端；花柱瓣化，柱头红色；花萼筒碗形，萼片三角形；小苞片披针形，7～10枚。

62. 伊莉公主（*H. rosa-sinensis* 'Formosa Ely Princess'）

株型直立，长势中等。枝密度中等，当年生枝条近绿色。叶柄长1.5～4cm，绿色；叶片中绿色，无复色，长6～9cm，宽4～6cm，长宽比中等，裂刻无或极浅，皱缩程度弱，叶缘锯齿疏，叶尖钝尖，叶基圆形。花单生于上部叶腋间，重瓣花，外层花瓣平展，瓣化花数量多；花梗长1～3cm；花径8～12cm；花瓣长4～7cm，宽3～7cm，倒卵形，无缺刻，褶皱程度弱；有花心眼，心眼区小，在春秋季，花心眼主色粉色，花瓣内表面主色玫粉色，次色浅黄色，分布于花瓣先端；花柱瓣化，柱头黄色；花萼筒碗形，萼片长三角形；小苞片披针形，7～10枚。

63. 印度新娘（*H. rosa-sinensis* 'Indian Bride'）

　　株型半直立，长势中等。枝密度中等，当年生枝条近褐色或近绿色。叶柄长1.5～3cm，绿色或褐色；叶片深绿色，无复色，长7～9cm，宽7～9cm，长宽比小，裂刻无或极浅，皱缩程度弱，叶缘锯齿疏，叶尖尖，叶基心形。花单生于上部叶腋间，重瓣花（偶开单瓣花），外层花瓣平展，瓣化花数量中等；花梗长4～5cm；花径8～11cm；花瓣长4～6cm，宽3～5cm，倒卵形，无缺刻，褶皱程度弱；有花心眼，心眼区小，无扩散，在春秋季，花心眼区主色红色，花瓣内表面主色紫粉色，次色紫色，分布于花瓣下部，第三色为浅紫粉色，分布于花瓣先端；柱头黄色（部分无柱头）；花萼筒钟形，萼片三角形；小苞片披针形。

64. 飞龙（*H. rosa-sinensis* 'Flying Dragon'）

　　株型半直立，长势中等。枝密度中等，当年生枝条近绿色。叶柄长1.5～4cm，绿色或褐色；叶片中绿色，无复色，长6～10cm，宽7～10cm，长宽比小，裂刻无或极浅，皱缩程度弱，叶缘锯齿中等，叶尖钝尖，叶基心形。花单生于上部叶腋间，重瓣花，外层花瓣平展，瓣化花数量多；花梗长2～3cm；花径10～14cm；花瓣长4～7cm，宽3～6cm，倒卵形，无缺刻，褶皱程度弱；无花心眼，在春秋季，花瓣内表面主色黄色，次色橙红色，分布于花瓣下部；花柱瓣化；花萼筒碟形，萼片三角形；小苞片披针形，9～11枚。

65. 邕粉佳丽（*H. rosa-sinensis* 'Maiden's Prayer'）

父本：愁蝶　　　母本：迷彩

　　株型开展，长势中等。枝密度中等，当年生枝条近绿色。叶柄长1～2.5cm，绿色；叶片中绿色，无复色，长4～7cm，宽5～8cm，长宽比小，裂刻无或极浅，皱缩程度中等，叶缘锯齿密，叶尖钝尖，叶基心形。花单生于上部叶腋间，单瓣花，外层花瓣平展或反卷，花瓣重叠程度强；花梗长3～4cm；花径14～15cm；花瓣长7～7.5cm，宽7.5～8cm，阔倒卵形，无缺刻，褶皱程度强；有花心眼，心眼区中等，无扩散，在春秋季，花心眼区主色暗红色，花瓣内表面主色紫粉色，次色黄色，分布于花瓣先端；花柱长5～8cm，柱头黄色；花萼筒钟形，萼片三角形；小苞片披针形，9～11枚。

66. 火凤凰（*H. rosa-sinensis* 'Phoenix'）

父本：光影　　　　　母本：幻星

　　株型半直立，长势强。枝密度密，当年生枝条近绿色。叶柄长2～6cm，绿色；叶片中绿色，无复色，长5～14cm，宽5～14cm，长宽比小，裂刻无或极浅，皱缩程度弱，叶缘锯齿中等，叶尖钝尖，叶基心形。花单生于上部叶腋间，单瓣花，外层花瓣反卷，花瓣重叠程度中等；花梗长3～8cm；花径17～19cm；花瓣长9～10cm，宽9.5～11cm，阔倒卵形，无缺刻，褶皱程度中等；有花心眼，心眼区中等，扩散短，在春秋季，花心眼区主色红色，花瓣内表面主色橘红色，次色玫红色，分布于花瓣先端，第三色黄色，分布于花瓣先端；花柱长7～10cm，柱头橙色；花萼筒钟形，萼片三角形；小苞片披针形，6～8枚。

67. 邕红（*H. rosa-sinensis* 'Flame Charm'）

父本：安东尼　　　　母本：美极

　　株型半直立，长势强。枝密度中等，当年生枝条近绿色。叶柄长2～5cm，褐色；叶片中绿色，无复色，长6～12cm，宽5～12cm，长宽比小，裂刻无或极浅，皱缩程度弱，叶缘锯齿疏，叶尖钝尖，叶基圆形。花单生于上部叶腋间，单瓣花，外层花瓣平展，花瓣之间重叠程度强；花梗长3～5cm；花径12～14cm；花瓣长5.5～7cm，宽5～6.5cm，阔倒卵形，无缺刻，褶皱程度弱；有花心眼，心眼区中等，扩散中等，在春秋季，花心眼区主色暗红色，花瓣内表面主色红色，次色橘黄色，遍布于花瓣内表面；花柱长5～6.5cm，柱头红色；花萼筒钟形，萼片长三角形；小苞片披针形，7～9枚。

68. 蝶梦（*H. rosa-sinensis* 'Butterfly's Dream'）

父本：梦幻之城　　　　　母本：黄蝶

　　株型直立，长势强。立枝密度疏，当年生枝条近绿色。叶柄长1～2.5cm，绿色；叶片中绿色，无复色，长5.5～7.5cm，宽5～6.5cm，长宽比小，裂刻无或极浅，皱缩程度弱，叶缘锯齿疏，叶尖钝尖，叶基圆形。花单生于上部叶腋间，单瓣花，外层花瓣平展，花瓣之间重叠程度强；花梗长3.5～5cm；花径12～14cm；花瓣长6～7cm，宽6～7.5cm，阔倒卵形，无缺刻，褶皱程度弱；有花心眼，心眼区中等，扩散短，在春秋季，花心眼区主色暗红色，花瓣内表面主色紫色，次色黄色，分布于花瓣先端，第三色紫粉色，分布于花瓣中部；花柱长5.5～6.5cm，柱头橙色；花萼筒钟形，萼片形三角形；小苞片披针形，8～11枚。

69. 冬日暖阳（*H. rosa-sinensis* 'Apricity'）

父本：橘色恋曲　　　　母本：钻石柠檬

　　株型半直立，长势强。枝密度中等，当年生枝条近绿色。叶柄长 1～3cm，绿色；叶片中绿色，无复色，长 6.5～9cm，宽 6～8cm，长宽比小，裂刻无或极浅，皱缩程度弱，叶缘锯齿中等，叶尖圆形，叶基钝形。花单生于上部叶腋间，单瓣花，外层花瓣平展，花瓣之间重叠程度强；花梗长 3～4.5cm；花径 16～18cm；花瓣长 8～9cm，宽 6～8cm，阔倒卵形，无缺刻，褶皱程度弱；有花心眼，心眼区大，向外扩散中等，在春秋季，花心眼区主色白色，花瓣内表面主色黄色，次色橘红色，分布于花瓣先端；花柱长 6～7cm，柱头橙色；花萼筒钟形，萼片长三角形；小苞片披针形。

70. 芳菲（*H. rosa-sinensis* 'Fang Fei'）

父本：F03　　　　**母本：旭日**

　　株型直立，长势强。枝密度疏，当年生枝条近绿色。叶柄长 1～2cm，绿色；叶片中绿色，无复色，长 5～7.5cm，宽 4.5～7cm，长宽比小，裂刻无或极浅，皱缩程度弱，叶缘锯齿疏，叶尖钝尖，叶基圆形。花单生于上部叶腋间，单瓣花，外层花瓣平展，花瓣之间重叠程度强；花梗长 3～5cm；花径 13～15cm；花瓣长 7～8cm，宽 7～8cm，阔倒卵形，无缺刻，褶皱程度无或微弱；有花心眼，心眼区小，扩散短，在春秋季，花心眼区主色暗红色，花瓣内表面主色紫红色，无次色；花柱长 5～6cm，柱头红色；花萼筒钟形，萼片长三角形；小苞片披针形。

71. 绯衣（*H. rosa-sinensis* 'Fei Yi'）

父本：橘色恋曲　　　　**母本：旭日**

　　株型半直立，长势强。枝密度密，当年生枝条近绿色。叶柄长1.3～3.1cm，绿色；叶片中绿色，无复色，长5.9～8cm，宽4.5～6cm，长宽比小，裂刻无或极浅，皱缩程度弱，叶缘锯齿中等，叶尖钝尖，叶基楔形。花单生于上部叶腋间，单瓣花，外层花瓣平展或斜展，花瓣之间重叠程度强；花梗长3.5～5.9cm；花径13～15cm；花瓣长8～9cm，宽7.5～8cm，阔倒卵形，缺刻无或很弱，褶皱程度弱；有花心眼，心眼区小，扩散很短，在春秋季，花心眼区主色深红色，花瓣内表面主色红色，次色橙黄色，分布于花瓣先端；花柱长3.5～5.9cm，柱头橙色；花萼筒钟形，萼片三角形；小苞片披针形。

72. 粉黛（*H. rosa-sinensis* 'Fen Dai'）

父本：F03　　　　母本：旭日

　　株型半直立，长势强。枝密度中等，当年生枝条近绿色。叶柄长2.5～3.5cm，绿色；叶片中绿色，无复色，长7～10.5cm，宽5.5～9cm，长宽比小，裂刻无或极浅，皱缩程度弱，叶缘锯齿中等，叶尖钝尖，叶基圆形。花单生于上部叶腋间，单瓣花，外层花瓣平展或斜展，花瓣之间重叠程度强；花梗长2.5～4cm；花径15～18cm；花瓣长8.5～9cm，宽7.5～8cm，阔倒卵形，无缺刻，褶皱程度中等；有花心眼，心眼区小，扩散无或很短，在春秋季，花心眼区主色粉色，花瓣内表面主色紫粉色，次色红色，分布于花瓣先端；花柱长7～8.5cm，柱头红色；花萼筒钟形，萼片长三角形；小苞片披针形。

73. 粉霞（*H. rosa-sinensis* 'Fen Xia'）

父本：橘色恋曲　　　　母本：旭日

　　株型直立，长势强；枝密度中等，当年生枝条近绿色。叶柄长3.1～4cm，绿色；叶片中绿色，无复色，长6～8cm，宽6～7cm，长宽比小，裂刻无或极浅，皱缩程度弱，叶缘锯齿中等，叶尖钝尖，叶基钝形。花单生于上部叶腋间，单瓣花，外层花瓣平展，花瓣之间重叠程度强；花梗长5～6cm；花径10～11.8cm；花瓣长6～7cm，宽5～5.5cm，阔倒卵形，无缺刻，褶皱程度无或微弱；有花心眼，心眼区小，扩散中等，在春秋季，花心眼区主色白色，花瓣内表面主色粉色，有白色斑点；花柱长3.5～4cm，柱头橙色；花萼筒钟形，萼片长三角形；小苞片披针形。

74. 媚霞（*H. rosa-sinensis* 'Mei Xia'）

父本：邕粉佳丽　　　　**母本：**北国之冬

　　株型半直立，长势中等。枝密度疏，当年生枝条近绿色。叶柄长2～3.5cm，绿色；叶片中绿色，无复色，长4.5～8.5cm，宽4～8cm，长宽比小，裂刻无或极浅，皱缩程度中等，叶缘锯齿疏，叶尖钝尖，叶基圆形。花单生于上部叶腋间，单瓣花，外层花瓣平展，花瓣之间重叠程度强；花梗长2～3cm；花径15～18cm；花瓣长8.5～10cm，宽9～11cm，阔倒卵形，无缺刻，褶皱程度中等；有花心眼，心眼区小，扩散中等，在春秋季，花心眼区主色红色，花瓣内表面主色橘红色，次色黄色，分布于花瓣先端，第三色紫色，分布于花瓣下部；花柱长6～7.5cm，柱头橙色；花萼筒钟形，萼片长三角形；小苞片披针形。

75. 梦粉碧玉（*H. rosa-sinensis* 'Meng Fen Bi Yu'）

父本：梦幻之城　　　　母本：橘色恋曲

　　株型半直立，长势中等。枝密度中等，当年生枝条近绿色。叶柄长1～2cm，绿色；叶片中绿色，无复色，长5～7.5cm，宽5～7cm，长宽比小，裂刻无或极浅，皱缩程度弱，叶缘锯齿疏，叶尖钝尖，叶基圆形。花单生于上部叶腋间，单瓣花，外层花瓣平展，花瓣之间重叠程度强；花梗长3～5cm；花径13～15cm；花瓣长7～8cm，宽7～8cm，阔倒卵形，无缺刻，褶皱程度弱；有花心眼，心眼区小，扩散短，在春秋季，花心眼区主色紫红色，花瓣内表面主色紫粉色，次色黄色，分布于花瓣先端，第三色玫红色，分布于花瓣先端；花柱长5～6cm，柱头黄色；花萼筒钟形，萼片长三角形；小苞片披针形。

76. 暮山紫（*H. rosa-sinensis* 'Twilight Purple'）

父本：紫霞仙子　　　　母本：美人花语

　　株型半直立，长势强。枝密度疏，当年生枝条近绿色。叶柄长1～4cm，绿色；叶片中绿色，无复色，长4.5～7cm，宽5～8cm，长宽比小，裂刻无或极浅，皱缩程度弱，叶缘锯齿疏，叶尖钝尖，叶基心形。花单生于上部叶腋间，单瓣花，外层花瓣平展，花瓣之间重叠程度强；花梗长4～6cm；花径13～15cm；花瓣长9～10.5cm，宽9～11cm，阔倒卵形，无缺刻，褶皱程度中等；有花心眼，心眼区小，扩散短，在春秋季，花心眼区主色紫粉色，花瓣内表面主色紫色，次色粉色，分布于花瓣先端，第三色浅紫色，分布于花瓣下部；花柱长5.5～6.5cm，柱头橙色；花萼筒钟形，萼片三角形；小苞片披针形。

77. 沁雪（*H. rosa-sinensis* 'Qin Xue'）

父本：玫红　　　　母本：紫霞仙子

　　株型半直立，长势强。枝密度疏，当年生枝条近褐色。叶柄长2～3cm，绿色；叶片中绿色，无复色，长5～6cm，宽4.1～5cm，长宽比小，裂刻无或极浅，皱缩程度弱，叶缘锯齿中等，叶尖钝尖，叶基心形。花单生于上部叶腋间，单瓣花，外层花瓣平展，花瓣之间重叠程度强；花梗长4～4.5cm；花径10.5～11.9cm；花瓣长8～9cm，宽7.5～8cm，阔倒卵形，无缺刻，褶皱程度弱；有花心眼，心眼区小，扩散无或很短，在春秋季，花心眼区主色白色，花瓣内表面主色紫粉色，次色白色，呈斑点状随机分布于花瓣表面；花柱长6～7.2cm，柱头橙色；花萼筒钟形，萼片长三角形；小苞片披针形。

78. 烟雨（*H. rosa-sinensis* 'Yan Yu'）

父本： 紫霞仙子　　　　**母本：** 旭日

　　株型直立，长势强。枝密度中等，当年生枝条近绿色。叶柄长2～2.5cm，绿色；叶片中绿色，无复色，长6～7.5cm，宽6～7.5cm，长宽比小，裂刻无或极浅，皱缩程度弱，叶缘锯齿疏，叶尖钝尖，叶基圆形。花单生于上部叶腋间，单瓣花，外层花瓣平展，花瓣之间重叠程度强；花梗长4.5～5.5cm；花径10～12cm；花瓣长5.5～6.5cm，宽5.5～6.5cm，阔倒卵形，无缺刻，褶皱程度弱；有花心眼，心眼区小，扩散中等，在春秋季，花心眼区主色红色，花瓣内表面主色紫色，无次色；花柱长7～8cm，柱头红色；花萼筒钟形，萼片长三角形；小苞片披针形。

79. 芸然（*H. rosa-sinensis* 'Yun Ran'）

父本：橘色恋曲　　　　母本：钻石柠檬

　　株型半直立，长势强。枝密度中等，当年生枝条近绿色。叶柄长4.5～6cm，绿色；叶片中绿色，无复色，长7～8.6cm，宽7～8.2cm，长宽比小，裂刻无或极浅，皱缩程度弱，叶缘锯齿疏，叶尖圆形，叶基圆形。花单生于上部叶腋间，单瓣花（冠状），花柱偶瓣化，外层花瓣平展，花瓣之间重叠程度强；花梗长4～5.5cm；花径14～15cm；花瓣长7～8cm，宽6～7cm，阔倒卵形，无缺刻，褶皱程度无或微弱；有花心眼，心眼区大，扩散中等，在春秋季，花心眼区主色黄绿色，花瓣内表面主色黄色，无次色；花柱长4～5cm，柱头黄色；花萼筒钟形，萼片长三角形；小苞片披针形。

80. 缀明珠（*H. rosa-sinensis* 'Zui Ming Zhu'）

父本：F03　　　　**母本：美人花语**

　　株型半直立，长势强。枝密度中等，当年生枝条近绿色。叶柄长2.5～3.2cm，绿色；叶片中绿色，无复色，长7～8cm，宽7～7.6cm，长宽比小，裂刻无或极浅，皱缩程度弱，叶缘锯齿中等，叶尖钝尖，叶基圆形。花单生于上部叶腋间，单瓣花，外层花瓣平展，花瓣之间重叠程度强；花梗长3～4cm；花径15.5～17cm；花瓣长8～9cm，宽7～9cm，阔倒卵形，无缺刻，褶皱程度弱；有花心眼，心眼区中等，扩散中等，在春秋季，花心眼区主色暗红色，花瓣内表面主色紫色，次色白色，分布在花瓣先端，为模糊且不规则的中等斑块；花柱长6～7cm，柱头黄色；花萼筒钟形，萼片长三角形；小苞片披针形。

81. 紫焰（*H. rosa-sinensis* 'Purple Flame'）

父本：邕韵　　　母本：北国之冬

　　株型半直立，长势中等。枝密度疏，当年生枝条近绿色。叶柄长1～3cm，绿色；叶片中绿色，无复色，长5.5～7cm，宽4～6cm，长宽比小，裂刻无或极浅，皱缩程度弱，叶缘锯齿疏，叶尖钝尖，叶基圆形。花单生于上部叶腋间，单瓣花，外层花瓣平展，花瓣之间重叠程度强；花梗长2～3cm；花径14～16cm；花瓣长7～8cm，宽6～7.5cm，阔倒卵形，无缺刻，褶皱程度中等；有花心眼，心眼区中等，扩散短，在春秋季，花心眼区主色红色，花瓣内表面主色紫罗兰色，次色紫色，分布于花瓣先端，第三色白色，呈斑块状分布于花瓣表面；花柱长6～6.5cm，柱头橙色和黄色；花萼筒钟形，萼片三角形；小苞片披针形。

82. 醉红蝶（*H. rosa-sinensis* 'Zui Hong Die'）

父本：美人花语　　　母本：钻石柠檬

　　株型半下垂，长势强。枝密度密，当年生枝条近绿色。叶柄长3～4.5cm，绿色；叶片中绿色，无复色，长6～9cm，宽5～8.5cm，长宽比小，裂刻无或极浅，皱缩程度弱，叶缘锯齿疏，叶尖钝尖，叶基心形。花单生于上部叶腋间，单瓣花，外层花瓣反卷，花瓣之间重叠程度强；花梗长4.5～5.5cm；花径17.5～19cm；花瓣长9～10.5cm，宽9～11cm，阔倒卵形，无缺刻，褶皱程度中等；有花心眼，心眼区小，扩散无或很短，在春秋季，花心眼区主色红色，花瓣内表面主色橘红色，次色浅橘色，分布于花瓣先端；花柱长6.5～7cm，柱头红色；花萼筒钟形，萼片长三角形；小苞片披针形。

83. 如意（*H. rosa-sinensis* 'Ruyi'）

父本：梦幻之城　　　母本：橘色恋曲

　　株型半直立，长势中等。枝密度疏，当年生枝条近绿色。叶柄长2～3.5cm，绿色；叶片长3～7cm，宽2.5～7cm，长宽比小，深绿色，无复色，裂刻无或极浅，皱缩程度弱，叶缘锯齿疏，叶尖圆形，叶基圆形。花单生于上部叶腋间，单瓣花，外层花瓣斜展，花瓣之间重叠程度弱；花梗长3～4.5cm；花径13～15cm；花瓣长7～8cm，宽7～8cm，阔倒卵形，无缺刻，褶皱程度弱；有花心眼，心眼区中等，扩散短，在春秋季，花心眼区主色红色，有粉色斑块，花瓣内表面主色黄色，无次色；花柱长5.5～7cm，柱头黄色；花萼筒钟形，萼片长三角形；小苞片披针形。

84. 珠玑（*H. rosa-sinensis* 'Zhu Ji'）

父本：美人花语　　　　　母本：紫霞仙子

　　株型半直立，长势中等。枝密度中等，当年生枝条近褐色。叶柄长3～4.5cm，绿色或褐色；叶片长6～7cm，宽5～7cm，长宽比小，深绿色，无复色，裂刻无或极浅，皱缩程度弱，叶缘锯齿疏，叶尖钝尖，叶基心形。花单生于上部叶腋间，单瓣花，外层花瓣反卷，花瓣之间重叠程度中等；花梗长4～5.5cm；花径14～15cm；花瓣长6～7cm，宽7～7.5cm，倒卵形，无缺刻，褶皱程度微弱；无花心眼，在春秋季，花瓣内表面主色红色，次色紫色，分布于花瓣先端；花柱长5～6cm，柱头黄色；花萼筒钟形，萼片长三角形；小苞片披针形。

85. 白雾红尘（*H. rosa-sinensis* 'Bai Wu Hong Chen'）

父本：薄妆　　　　母本：美人花语

　　株型直立，长势中等。枝密度中等，当年生枝条近褐色或近绿色。叶柄长2～3.5cm，绿色；叶片中绿色，无复色，长8～9cm，宽6～8.5cm，长宽比小，裂刻无或极浅，皱缩程度弱，叶缘锯齿疏，叶尖钝尖，叶基圆形。花单生于上部叶腋间，单瓣花，外层花瓣反卷，花瓣之间重叠程度强；花梗长4～5cm；花径13.5～16cm；花瓣长7～8cm，宽8～9cm，阔倒卵形，无缺刻，褶皱程度中等；有花心眼，心眼区中等，扩散短，在春秋季，花心眼区主色红色，花瓣内表面主色紫色，次色白色，分布于花瓣先端；花柱长7～8cm，柱头黄色；花萼筒钟形，萼片长三角形；小苞片披针形。

86. 红丝绒（*H. rosa-sinensis* 'Red Silk'）

父本：F03   母本：美人花语

　　株型半直立，长势中等。枝密度中等，当年生枝条近褐色或近绿色。叶柄长2.5～3.5cm，绿色；叶片深绿色，无复色，长5～7cm，宽5～6cm，长宽比小，裂刻无或极浅，皱缩程度弱，叶缘锯齿疏，叶尖圆形，叶基圆形。花单生于上部叶腋间，单瓣花，外层花瓣平展，花瓣之间重叠程度强；花梗长3～4cm；花径13～15cm；花瓣长8～9cm，宽7～8cm，倒卵形，无缺刻，褶皱程度无或微弱；有花心眼，心眼区小，扩散很短，在春秋季，花心眼区主色红色，花瓣内表面主色紫粉色，次色黄色，分布于花瓣先端；花柱长6～7cm，柱头红色；花萼筒钟形，萼片长三角形；小苞片披针形。

87. 夜阑珊（*H. rosa-sinensis* 'Ye Lan Shan'）

父本：F03　　　　母本：巧克力蛋糕

　　株型半直立，长势强。枝密度疏，当年生枝条近褐色或近绿色。叶柄长3～3.5cm，绿色；叶片中绿色，无复色，长6～7cm，宽6.5～8cm，长宽比小，裂刻无或极浅，皱缩程度弱，叶缘锯齿中等，叶尖尖，叶基楔形。花单生于上部叶腋间，单瓣花，外层花瓣平展，花瓣之间重叠程度中等；花梗长2～3.5cm；花径13～14cm；花瓣长6～7cm，宽6～7cm，倒卵形，无缺刻，褶皱程度弱；有花心眼，心眼区小，扩散很短，在春秋季，花心眼区主色红色，花瓣内表面主色紫色，次色玫红色，分布于花瓣先端，第三色黄色，遍布于花瓣内表面；花柱长6.5～7cm，柱头黄色；花萼筒钟形，萼片长三角形；小苞片披针形。

88. 邕韵（*H. rosa-sinensis* 'Yong Yun'）

父本：美极　　　　母本：南国小姑娘

　　株型直立，长势强。枝密度疏，当年生枝条近褐色。叶柄长4～5cm，绿色；叶片深绿色，无复色，长8～12cm，宽7～10cm，长宽比中等，无裂刻，皱缩程度微弱，叶缘锯齿疏，叶尖钝尖，叶基心形或圆形。花单生于上部叶腋间，单瓣花，外层花瓣平展，花瓣之间重叠程度中等；花梗长3～7cm；花径14～16cm；花瓣长7～8cm，宽6～8cm，倒卵形，无缺刻，褶皱程度弱；有花心眼，心眼区中等，扩散无或很短，在春秋季，花心眼区主色红色，花瓣内表面主色褐色，次色橙黄色，分布于花瓣先端；花柱长7.5～8.5cm，柱头橙色；花萼筒钟形，萼片三角形；小苞片披针形，5～9枚。

89. 幻紫银舞（*H. rosa-sinensis* 'Huan Zi Yin Wu'）

父本：紫韵红莲　　　　母本：莎茂

　　株型开展，长势中等。枝密度中等，当年生枝条近绿色。叶柄长1～4cm，绿色；叶片中绿色，无复色，长6～9cm，宽6～9cm，长宽比小，裂刻极浅，皱缩程度弱，叶缘锯齿疏，叶尖钝尖，叶基楔形。花单生于上部叶腋间，单瓣花，外层花瓣斜展，花瓣之间重叠程度强；花梗长2～4cm；花径13～16cm；花瓣长7～9cm，宽7～10cm，倒卵形，无缺刻，褶皱程度微弱；有花心眼，心眼区中等，扩散短，在春秋季，花心眼区主色浅紫色，花瓣内表面主色灰紫色，次色灰黄色，分布于花瓣先端；花柱长4～6cm，柱头橙色；花萼筒钟形，萼片三角形；小苞片披针形。

90. 幻境（*H. rosa-sinensis* 'Huan Jing'）

父本：湿婆　　　母本：穆清

　　株型半下垂，长势中等。枝密度中等，当年生枝条近紫色。叶柄长2～4cm，绿色；叶片深绿色，无复色，长6～9cm，宽6～9cm，长宽比小，裂刻极浅，皱缩程度强，叶缘锯齿疏，叶尖钝尖，叶基圆形。花单生于上部叶腋间，单瓣花，外层花瓣平展，花瓣之间重叠程度强；花梗长3～5cm；花径13～15cm；花瓣长6～8cm，宽8～10cm，阔倒卵形，无缺刻，褶皱程度中等；有花心眼，心眼区中等，无扩散，在春秋季，花心眼区主色深红色，花瓣内表面主色黄绿色，花色随季节温度变化而加深，次色浅褐色，分布于花瓣先端；花柱长4～7cm，柱头红色；花萼筒钟形，萼片三角形；小苞片披针形。

91. 心燃金焰（*H. rosa-sinensis* 'Xin Ran Jin Yan'）

父本：湿婆　　　母本：穆清

　　株型直立，长势中等。枝密度中等，当年生枝条近绿色。叶柄长2～4cm，绿色；叶片中绿色，无复色，长5～8cm，宽6～8cm，长宽比小，裂刻无或极浅，皱缩程度中等，叶缘锯齿中等，叶尖钝尖，叶基楔形。花单生于上部叶腋间，单瓣花，外层花瓣平展，花瓣之间重叠程度强；花梗长1～3cm；花径11～13cm；花瓣长6～8cm，宽7～9cm，阔倒卵形，无缺刻，褶皱程度无或微弱；有花心眼，心眼区中等，无扩散，在春秋季，花心眼区主色暗红色，花瓣内表面主色橙色，次色灰紫色，分布于花瓣下部；花柱长5～7cm，柱头红色；花萼筒钟形，萼片三角形；小苞片披针形。

92. 舞动烈焰（*H. rosa-sinensis* 'Wu Dong Lie Yan'）

父本：湿婆　　　母本：穆清

　　株型直立，长势弱。枝密度疏，当年生枝条近绿色。叶柄长2～4cm，绿色或褐色；叶片深绿色，无复色，长6～8cm，宽6～8cm，长宽比小，裂刻无或极浅，皱缩程度弱，叶缘锯齿疏，叶尖钝尖，叶基楔形。花单生于上部叶腋间，单瓣花，外层花瓣平展，花瓣之间重叠程度强；花梗长3～5cm；花径16～18cm；花瓣长7～10cm，宽10～12cm，阔倒卵形，无缺刻，褶皱程度强；有花心眼，心眼区中等，无扩散。在春秋季，花心眼区主色暗红色，花瓣内表面主色黄色，次色橘黄色，遍布于花瓣表面，第三色紫色，分布于花瓣下部；花柱长5.5～7cm，柱头橙色；花萼筒钟形，萼片三角形；小苞片披针形。

93. 紫衣罗裙（*H. rosa-sinensis* 'Zi Yi Luo Qun'）

父本：烟火　　　　母本：乌黛

　　株型半下垂，长势中等。枝密度疏，当年生枝条近绿色。叶柄长 1～4cm，绿色；叶片中绿色，无复色，长 3～5cm，宽 3～5cm，长宽比小，裂刻无或极浅，皱缩程度弱，叶缘锯齿疏，叶尖圆形，叶基心形。花单生于上部叶腋间，单瓣花，外层花瓣平展或斜展，花瓣之间重叠程度弱；花梗长 1～3cm；花径 12～14cm；花瓣长 7～9cm，宽 6～8cm，倒卵形，无缺刻，褶皱程度无或微弱；有花心眼，心眼区中等，扩散中等。在春秋季，花心眼区主色红色，花瓣内表面主色灰紫色，次色黄色，分布于花瓣先端；花柱长 6～7cm，柱头红色；花萼筒钟形，萼片三角形；小苞片披针形。

94. 雅黛（*H. rosa-sinensis* 'Ya Dai'）

父本：烟火　　　　母本：乌黛

　　株型半下垂，长势强。枝密度中等，当年生枝条近绿色。叶柄长2～4cm，绿色；叶片中绿色，无复色，长5～9cm，宽4～8.5cm，长宽比小，裂刻无或极浅，皱缩程度弱，叶缘锯齿疏，叶尖钝尖或圆形，叶基圆形。花单生于上部叶腋间，单瓣花，外层花瓣平展，花瓣之间重叠程度中等；花梗长3～5cm；花径11～13cm；花瓣长6～8cm，宽5～7cm，倒卵形，无缺刻，褶皱程度微弱；有花心眼，心眼区中等，扩散中等。在春秋季，花心眼区主色紫粉色，花瓣内表面主色紫粉色，次色灰紫色，分布于花瓣下部；花柱长5～7cm，柱头橙色（偶无柱头）；花萼筒钟形，萼片三角形；小苞片披针形。

95. 琼粉灵韵（*H. rosa-sinensis* 'Qiong Fen Ling Yun'）

父本：紫霞仙子　　　　母本：樱花皇后

　　株型半直立，长势弱。枝密度中等，当年生枝条近绿色或近紫色。叶柄长2～4cm，绿色；叶片深绿色，无复色，长5～8cm，宽4～6cm，长宽比中等，裂刻极浅，皱缩程度中等，叶缘锯齿中等，叶尖钝尖，叶基圆形。花单生于上部叶腋间，单瓣花，外层花瓣平展，花瓣之间重叠程度强；花梗长2～4cm；花径12～14cm；花瓣长7～9cm，宽7～9cm，倒卵形，无缺刻，褶皱程度强；有花心眼，心眼区中等，扩散短。在春秋季，花心眼区主色白色，花瓣内表面主色紫红色；无次色。花柱长5～7cm，柱头橙色；花萼筒钟形，萼片长三角形；小苞片披针形。

96. 巴洛克的婚礼（*H. rosa-sinensis* 'Beautiful Legend'）

父本：胭脂泪　　　　母本：邕红

　　株型半下垂，长势中等。枝密度疏，当年生枝条近绿色或近褐色。叶柄长1～3cm，绿色或褐色；叶片浅绿色，无复色，长4.5～7cm，宽4～6cm，长宽比中等，裂刻无或极浅，皱缩程度强，叶缘锯齿中等，叶尖钝尖，叶基心形。花单生于上部叶腋间，单瓣花，外层花瓣平展，花瓣之间重叠程度强；花梗长2～4cm；花径11.5～13cm；花瓣长6～7.5cm，宽6～8cm，倒卵形，缺刻无或很弱，褶皱程度强；有花心眼，心眼区大，无扩散。在春秋季，花心眼区主色暗红色，花瓣内表面主色红色，次色黄色，分布于花瓣先端；花柱长4～6.5cm，柱头橙黄色；花萼筒钟形，萼片三角形；小苞片披针形。

97. 红辉橙焰（*H. rosa-sinensis* 'Hong Hui Cheng Yan'）

父本：梦见大溪地　　　　　母本：月夜彩虹

　　株型直立，长势强。枝密度密，当年生枝条近绿色。叶柄长2～4cm，绿色；叶片深绿色，无复色，长6～9cm，宽5～9cm，长宽比小，裂刻无或极浅，皱缩程度强，叶缘锯齿中等，叶尖钝尖，叶基心形。花单生于上部叶腋间，单瓣花，外层花瓣平展，花瓣之间重叠程度强；花梗长4～6cm；花径15～17cm；花瓣长8～10cm，宽7～9cm，倒卵形，无缺刻，褶皱程度微弱；有花心眼，心眼区中等，扩散中等，在春秋季，花心眼区主色白色，扩散粉色，花瓣内表面主色橘红色，次色橙色，分布于花瓣表面；花柱长6～8cm，柱头橙色；花萼筒钟形，萼片长三角形；小苞片披针形。

98. 红璃紫韵（*H. rosa-sinensis* 'Hong Li Zi Yun'）

父本：海洋之心　　　　母本：白玉蝴蝶

　　株型半下垂，长势中等。枝密度疏，当年生枝条近绿色。叶柄长1～4cm，绿色；叶片中绿色，无复色，长5～8cm，宽6～9cm，长宽比小，裂刻浅，皱缩程度强，叶缘锯齿密，叶尖尖，叶基心形。花单生于上部叶腋间，单瓣花，外层花瓣反卷，花瓣之间重叠程度强；花梗长3～5cm；花径15～17.5cm；花瓣长7～9cm，宽8～10cm，阔倒卵形，无缺刻，褶皱程度中等；有花心眼，心眼区中等，无扩散，在春秋季，花心眼区主色暗红色，花瓣内表面主色灰紫色，次色红色，分布于花瓣下部；花柱长8～10cm，柱头橙色；花萼筒钟形，萼片三角形；小苞片披针形。

99. 魅紫红焰（*H. rosa-sinensis* 'Mei Zi Hong Yan'）

父本：烟火　　　　母本：樱花皇后

　　株型半直立，长势弱。枝密度疏，当年生枝条近绿色或近紫色。叶柄长1～4cm，绿色或紫色；叶片中绿色，无复色，长5～8.5cm，宽5～8cm，长宽比小，裂刻无或极浅，皱缩程度中等，叶缘锯齿中等，叶尖钝尖，叶基心形。花单生于上部叶腋间，单瓣花，外层花瓣平展，花瓣之间重叠程度强；花梗长2～5cm；花径11～14cm；花瓣长5～7cm，宽6～8cm，阔倒卵形，无缺刻，褶皱程度中等；有花心眼，心眼区小，扩散无或很短，在春秋季，花心眼区主色红色，花瓣内表面主色灰紫色，次色黄色和橙色，层叠分布于花瓣先端，第三色粉色，分布在花瓣中部；花柱长4～6cm，柱头橙色；花萼筒钟形，萼片三角形；小苞片披针形。

100. 天鹅湖（*H. rosa-sinensis* 'Swan Lake'）

父本：甜蜜恋曲　　　母本：紫霞仙子

株型半直立，长势中等。枝密度中等，当年生枝条近绿色或近褐色。叶柄长0.5～2cm，绿色；叶片中绿色，无复色，长4～5cm，宽3～5cm，长宽比小，裂刻极浅，皱缩程度强，叶缘锯齿疏，叶尖钝尖，叶基圆形。花单生于上部叶腋间，单瓣花，外层花瓣平展，花瓣之间重叠程度强；花梗长2～4cm；花径11～12cm；花瓣长5～6cm，宽5～6cm，倒卵形，缺刻无或很弱，褶皱程度弱；有花心眼，心眼区小，无扩散，在春秋季，花心眼区主色紫粉色，花瓣内表面主色灰紫色，次色粉白色，遍布于花瓣内表面；花柱长5～6cm，柱头红色；花萼筒钟形，萼片三角形；小苞片披针形。

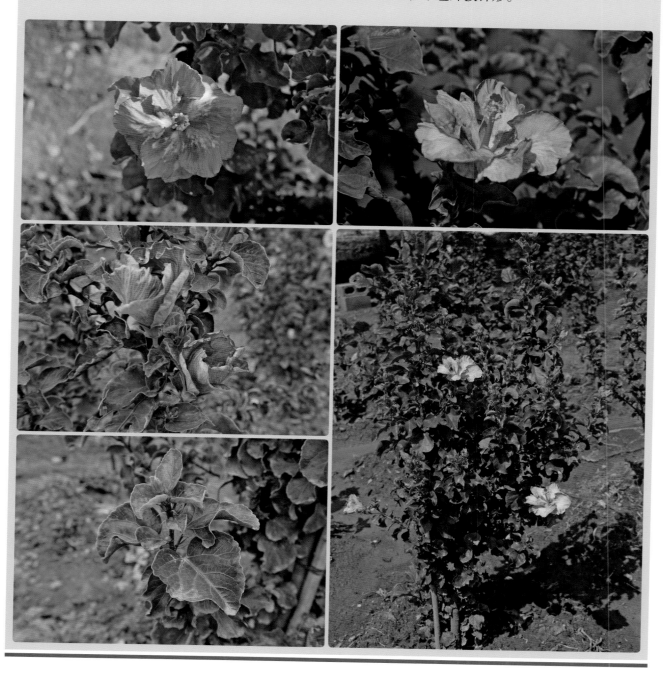

101. 伊甸园（*H. rosa-sinensis* 'Eden'）

父本：湿婆　　　母本：紫色魔术

　　株型直立，长势中等。枝密度疏，当年生枝条近绿色。叶柄长3～5.5cm，绿色；叶片中绿色，无复色，长8～10cm，宽8～10cm，长宽比小，裂刻无或极浅，皱缩程度弱，叶缘锯齿疏，叶尖钝尖，叶基楔形。花单生于上部叶腋间，单瓣花，外层花瓣反卷，花瓣之间重叠程度强；花梗长2.5～5.5cm；花径14～17cm；花瓣长7.5～9.5cm，宽8～10cm，阔倒卵形，无缺刻，褶皱程度微弱；有花心眼，心眼区中等，扩散短，在春秋季，花心眼区主色暗红色，花瓣内表面主色紫红色，次色白色，分布于花瓣先端；花柱长6.5～8cm，柱头黄色；花萼筒钟形，萼片三角形；小苞片披针形。

102. 红色妖姬（*H. rosa-sinensis* 'The Red Siren'）

父本：湿婆　　　　母本：紫色魔术

　　株型半下垂，长势中等。枝密度疏，当年生枝条近绿色。叶柄长2～4cm，绿色；叶片浅绿色，无复色，长6～8cm，宽6～7.5cm，长宽比小，裂刻无或极浅，皱缩程度弱，叶缘锯齿疏，叶尖尖，叶基圆形。花单生于上部叶腋间，单瓣花，花柱偶瓣化，外层花瓣反卷，花瓣之间重叠程度弱；花梗长3～5cm；花径14.5～17cm；花瓣长7～9cm，宽5.5～8.5cm，倒卵形，无缺刻，褶皱程度弱；有花心眼，心眼区中等，扩散很短，在春秋季，花心眼区主色深红色，花瓣内表面主色红色，次色白色，分布于花瓣表面；花柱长5～7cm，柱头橙黄色；花萼筒钟形，萼片三角形；小苞片披针形。

103. 隐影（*H. rosa-sinensis* 'Yin Ying'）

父本：蝶梦　　　母本：乌黛

　　株型直立，长势中等。枝密度疏，当年生枝条近绿色。叶柄长 1.5～3cm，绿色；叶片中绿色，无复色，长 4～6cm，宽 4～6cm，长宽比小，裂刻无或极浅，皱缩程度中等，叶缘锯齿疏，叶尖钝尖，叶基圆形。花单生于上部叶腋间，单瓣花，外层花瓣平展，花瓣之间重叠程度强；花梗长 3～5cm；花径 15～17cm；花瓣长 7.5～9.5cm，宽 7.5～9.5cm，倒卵形，无缺刻，褶皱程度微弱；有花心眼，心眼区中等，无扩散，在春秋季，花心眼区主色暗红色，花瓣内表面主色黄色，次色灰紫色，分布于花瓣下部，第三色橙色；花柱长 6～7cm，柱头橙色；花萼筒钟形，萼片三角形；小苞片披针形。

104. 费雷尔之火（*H. rosa-sinensis* 'Ferrenll's Fire'）

父本：湿婆　　　母本：红羽

　　株型半下垂，长势中等。枝密度中等，当年生枝条近绿色。叶柄长2～3cm，绿色；叶片中绿色，无复色，长5～9cm，宽5～9cm，长宽比小，裂刻无或极浅，皱缩程度中等，叶缘锯齿疏，叶尖钝尖，叶基圆形。花单生于上部叶腋间，单瓣花，外层花瓣平展，花瓣之间重叠程度强；花梗长3～6cm；花径12～14cm；花瓣长6～8cm，宽7～9cm，阔倒卵形，无缺刻，褶皱程度弱；有花心眼，心眼区中等，扩散无或很短，在春秋季，花心眼区主色深红色，花瓣内表面主色红色，次色粉白色，呈斑块或斑点状分布于花瓣先端；花柱长6～7cm，柱头橙色；花萼筒钟形，萼片三角形；小苞片披针形。

105. 粉雪公主（*H. rosa-sinensis* 'Pink Snow Princess'）

父本：玫瑰星云　　　　母本：白玉蝴蝶

　　株型直立，长势中等。枝密度中等，当年生枝条近绿色。叶柄长0.5～4cm，绿色；叶片中绿色，无复色，长5～8cm，宽5～8cm，长宽比小，裂刻无或极浅，皱缩程度中等，叶缘锯齿疏，叶尖钝尖，叶基圆形。花单生于上部叶腋间，单瓣花，外层花瓣平展，花瓣之间重叠程度强；花梗长2～5cm；花径11～14cm；花瓣长5～7cm，宽7～9cm，阔倒卵形，无缺刻，褶皱程度弱；有花心眼，心眼区小，扩散无或很短，在春秋季，花心眼区主色紫粉色，花瓣内表面主色粉色，次色白色，呈斑块状分布于花瓣表面；花柱长6～7cm，柱头橙色；花萼筒钟形，萼片三角形；小苞片披针形。

106. 卡夫卡的暗影 (*H. rosa-sinensis* 'Kafka's Shadow')

父本：烟火　　　　母本：紫霞仙子

　　株型半下垂，长势弱。枝密度疏，当年生枝条近绿色。叶柄长1～3cm，绿色；叶片中绿色，无复色，长3～5cm，宽3～5cm，长宽比小，裂刻无或极浅，皱缩程度强，叶缘锯齿中等，叶尖圆形，叶基圆形。花单生于上部叶腋间，单瓣花，外层花瓣平展，花瓣之间重叠程度强；花梗长1～4cm；花径10～13cm；花瓣长5～7.5cm，宽5～7cm，倒卵形，无缺刻，褶皱程度微弱；有花心眼，心眼区中等，扩散中等，在春秋季，花心眼区主色浅紫色，花瓣内表面主色灰紫色，次色粉色，分布于花瓣先端；花柱长5～7cm，柱头橙色；花萼筒钟形，萼片三角形；小苞片披针形。

107. 红梅雪（*H. rosa-sinensis* 'Hong Mei Xue'）

父本：梦见大溪地　　　　母本：湿婆

　　株型直立，长势强。枝密度中等，当年生枝条近绿色或近紫色。叶柄长4～5cm，绿色或紫色；叶片中绿色，无复色，长6～8cm，宽5.5～7cm，长宽比中等，裂刻无或极浅，皱缩程度中等，叶缘锯齿疏，叶尖钝尖，叶基心形。花单生于上部叶腋间，单瓣花，外层花瓣平展，花瓣之间重叠程度中等；花梗长3～5cm；花径16～19cm；花瓣长7.5～9cm，宽7.5～9cm，倒卵形，无缺刻，褶皱程度微弱；有花心眼，心眼区大，扩散很短，在春秋季，花心眼区主色暗红色，扩散粉色，花瓣内表面主色紫红色，次色白色，呈斑点遍布分布于花瓣内表面；花柱长8～9.5cm，柱头红色；花萼筒钟形，萼片三角形；小苞片披针形。

108. 焰霞（*H. rosa-sinensis* 'Falme Cloud'）

父本：梦见大溪地　　　　母本：湿婆

　　株型半下垂，长势弱。枝密度中等，当年生枝条近绿色。叶柄长3～5cm，绿色；叶片中绿色，无复色，长6～10cm，宽6～9cm，长宽比小，裂刻无或极浅，皱缩程度中等，叶缘锯齿疏，叶尖钝尖，叶基楔形。花单生于上部叶腋间，单瓣花，外层花瓣平展，花瓣之间重叠程度中等；花梗长1～3cm；花径17～19.5cm；花瓣长9～11cm，宽8～10cm，倒卵形，无缺刻，褶皱程度微弱；有花心眼，心眼区中等，无扩散，在春秋季，花心眼区主色红色，花瓣内表面主色棕橘色，有黄色斑点，次色橘红色，分布于花瓣先端，第三色紫色，分布于花瓣下部；花柱长5～7cm，柱头橙色；花萼筒钟形，萼片三角形；小苞片披针形。

109. 飞雪（*H. rosa-sinensis* 'Flying Snow'）

父本：梦见大溪地　　　　母本：湿婆

　　株型直立，长势强。枝密度中等，当年生枝条近绿色。叶柄长1.5～4cm，绿色；叶片中绿色，无复色，长5～7cm，宽4～7cm；长宽比中等，裂刻无或极浅，皱缩程度中等，叶缘锯齿中等，叶尖尖，叶基楔形。花单生于上部叶腋间，单瓣花，外层花瓣平展，花瓣之间重叠程度强；花梗长2～4cm；花径11～15cm；花瓣长～8cm，宽6～8cm，倒卵形，无缺刻，褶皱程度微弱；有花心眼，心眼区中等，无扩散。在春秋季，花心眼区主色暗红色，花瓣内表面主色紫红色，次色紫粉色，分布于花瓣先端，且花瓣内表面有黄白色斑点；花柱长5～6cm，柱头橙色；花萼筒钟形，萼片三角形；小苞片披针形。

110. 月宫仙境 (*H. rosa-sinensis* 'Yue Gong Xian Jing')

父本：加勒比燃烧的心　　　　母本：紫霞仙子

　　株型开展，长势中等。枝密度中等，当年生枝条近绿色。叶柄长 2~4.5cm，绿色；叶片中绿色，无复色，长 6~9cm，宽 6~10cm，长宽比小，裂刻无或极浅，皱缩程度中等，叶缘锯齿疏，叶尖钝尖，叶基圆形。花单生于上部叶腋间，单瓣花，外层花瓣平展，花瓣之间重叠程度强；花梗长 3~6cm；花径 14~17cm；花瓣长 8~10cm，宽 8.5~11.5cm，倒卵形，无缺刻，褶皱程度微弱；有花心眼，心眼区中等，无扩散，在春秋季，花心眼区主色暗红色，花瓣内表面主色橙黄色，次色灰色，分布于花瓣下部；花柱长 6~8cm，柱头橙色；花萼筒钟形；萼片三角形，小苞片披针形。

111. 红妆（*H. rosa-sinensis* 'Hong Zhuang'）

父本：梦见大溪地　　　　　母本：北国之冬

　　株型直立，长势中等。枝密度中等，当年生枝条近绿色。叶柄长2~5cm，褐色；叶片深绿色，无复色，长7~9cm，宽6~9cm，长宽比中等，裂刻无或极浅，皱缩程度弱，叶缘锯齿中等，叶尖钝尖，叶基圆形。花单生于上部叶腋间，单瓣花，外层花瓣斜展，花瓣之间重叠程度强；花梗长1~5cm；花径15~17cm；花瓣长7~9cm，宽7~9cm，倒卵形，无缺刻，褶皱程度无或微弱；有花心眼，心眼区小，扩散中等，在春秋季，花心眼区主色红色，扩散灰紫色，花瓣内表面主色深玫红色，有黄白色斑点，次色紫粉色，分布于花瓣先端；花柱长7~8cm，柱头橙色；花萼筒钟形，萼片三角形；小苞片披针形。

112. 幻舞（*H. rosa-sinensis* 'Huan Wu'）

父本：午夜魅影　　　　**母本：紫色魔术**

　　株型半下垂，长势中等。枝密度疏，当年生枝条近绿色。叶柄长3～5cm，绿色；叶片中绿色，无复色，长7～9cm，宽6～9cm，长宽比小，裂刻无或极浅，皱缩程度中等，叶缘锯齿疏，叶尖钝尖，叶基圆形。花单生于上部叶腋间，单瓣花，外层花瓣平展，花瓣之间重叠程度强；花梗长1～3cm；花径14～16cm；花瓣长7～8cm，宽8～9cm，阔倒卵形，无缺刻，褶皱程度微弱；有花心眼，心眼区中等，无扩散，在春秋季，花心眼区主色灰紫色，花瓣内表面主色深紫色，次色红色，分布于花瓣下部；花柱长5～7cm，柱头橙色；花萼筒钟形，萼片三角形；小苞片披针形。

113. 赤焰（*H. rosa-sinensis* 'Red Flame'）

父本：湿婆　　　母本：红羽

　　株型半下垂，长势强。枝密度中等，当年生枝条近绿色。叶柄长3～4cm，绿色；叶片深绿色，无复色，长6～7cm，宽6.5～7.5cm，长宽比小，裂刻无或极浅，皱缩程度弱，叶缘锯齿中等，叶尖钝尖，叶基圆形。花单生于上部叶腋间，单瓣花，外层花瓣反卷，花瓣之间重叠程度弱；花梗长3.5～5cm；花径16～17cm；花瓣长7.5～9cm，宽7～8cm，倒卵形，缺刻无或很弱，褶皱程度无或微弱；有花心眼，心眼区中等，无扩散，在春秋季，花心眼区主色暗红色，花瓣内表面主色红色，无次色；花柱长6.5～7.5cm，柱头红色；花萼筒钟形，萼片三角形；小苞片披针形。

114. 落霞（*H. rosa-sinensis* 'Luo Xia'）

父本：巧克力蛋糕　　　　母本：日轮

　　株型半直立，长势中等。枝密度中等，当年生枝条近绿色。叶柄长1～5cm，绿色；叶片中绿色，无复色，长5～9cm，宽5～9cm，长宽比小，裂刻无或极浅，皱缩程度中等，叶缘锯齿中等，叶尖钝尖，叶基圆形。花单生于上部叶腋间，单瓣花，外层花瓣反卷或平展，花瓣之间重叠程度强；花梗长3～5cm；花径13～17cm；花瓣长6～9cm，宽6～9cm，倒卵形，无缺刻，褶皱程度弱；有花心眼，心眼区小，扩散中等，在春秋季，花心眼区主色红色，扩散粉色，花瓣内表面主色玫红色，次色红色，分布于花瓣先端；花柱长6～8cm，柱头橙色；花萼筒钟形，萼片三角形；小苞片披针形。

115. 紫影（*H. rosa-sinensis* 'Zi Ying'）

父本：烟火　　　　母本：紫霞仙子

　　株型直立，长势中等。枝密度中等，当年生枝条近绿色。叶柄长2～5cm，绿色；叶片深绿色，无复色，长5～7cm，宽5～8cm，长宽比小，裂刻极浅，皱缩程度中等，叶缘锯齿疏，叶尖钝尖，叶基圆形。花单生于上部叶腋间，单瓣花，外层花瓣平展，花瓣之间重叠程度中等；花梗长3～6cm；花径14～17cm；花瓣长7～9cm，宽7～8cm，倒卵形，无缺刻，褶皱程度微弱；有花心眼，心眼区中等，扩散中等，在春秋季，花心眼区主色紫粉色，花瓣内表面主色灰紫色，次色紫粉色，分布于花瓣先端，第三色粉色，分布于花瓣先端；花柱长5～7cm，柱头橙色；花萼筒钟形，萼片三角形；小苞片披针形。

116. 红染（*H. rosa-sinensis* 'Hong Ran'）

父本：玫瑰星云　　　　母本：紫霞仙子

　　株型半下垂，长势弱。枝密度中等，当年生枝条近紫色。叶柄长2～3.5cm，褐色或绿色；叶片深绿色，无复色，长5～7cm，宽6～7.5cm，长宽比小，裂刻极浅，皱缩程度中等，叶缘锯齿中等，叶尖钝尖，叶基心形。花单生于上部叶腋间，单瓣花，外层花瓣平展，花瓣之间重叠程度强；花梗长3～4.5cm；花径11.5～13cm；花瓣长5～7cm，宽6～8cm，倒卵形，无缺刻，褶皱程度中等；有花心眼，心眼区中等，扩散中等，在春秋季，花心眼区主色粉色，花瓣内表面主色紫红色，有粉色斑点，次色紫粉色，分布于花瓣下部；花柱长4.5～6cm，柱头橙色；花萼筒钟形，萼片三角形；小苞片披针形。

117. 红影（*H. rosa-sinensis* 'Hong Ying'）

父本：海洋之心　　　　**母本：白玉蝴蝶**

　　株型半直立，长势中等。枝密度中等，当年生枝条近绿色。叶柄长2～4.5cm，绿色；叶片深绿色，无复色，长8～11cm，宽7～9cm，长宽比中等，裂刻无或极浅，皱缩程度中等，叶缘锯齿中等，叶尖尖，叶基心形。花单生于上部叶腋间，单瓣花，外层花瓣平展，花瓣之间重叠程度强；花梗长5～8cm；花径14.5～17cm；花瓣长7.5～9.5cm，宽7.5～10cm，阔倒卵形，缺刻无或很弱，褶皱程度弱；有花心眼，心眼区中等，扩散很短，在春秋季，花心眼区主色暗红色，花瓣内表面主色紫红色，粉白色斑点零散分布；花柱长7.5～9cm，柱头橙色；花萼筒钟形，萼片三角形；小苞片披针形。

118. 黄鹂（*H. rosa-sinensis* 'Oriole'）

父本：绮丽　　　　母本：日轮

　　株型直立，长势强。枝密度中等，当年生枝条近绿色。叶柄长3～5cm，紫色或绿色；叶片深绿色，无复色，长5～9cm，宽4～6cm，长宽比中等，裂刻无或极浅，皱缩程度强，叶缘锯齿疏，叶尖尖，叶基圆形。花单生于上部叶腋间，单瓣花，外层花瓣斜展，花瓣之间重叠程度强；花梗长2～4cm；花径14～16cm；花瓣长6～9cm，宽6～9cm，倒卵形，无缺刻，褶皱程度无或微弱；有花心眼，心眼区中等，扩散中等，在春秋季，花心眼区主色暗红色，扩散粉色，花瓣内表面主色黄色，次色灰紫色，分布于花瓣下部；花柱长6～8cm，柱头橙色；花萼筒钟形，萼片三角形；小苞片披针形。

119. 彩裙霞影（*H. rosa-sinensis* 'Cai Qun Xia Ying'）

父本：加勒比燃烧的心　　　　母本：日轮

　　株型直立，长势强。枝密度中等，当年生枝条近紫色。叶柄长3～5cm，紫色；叶片中绿色，无复色，长5～7cm，宽4～6cm，长宽比小，裂刻无或极浅，皱缩程度弱，叶缘锯齿疏，叶尖钝尖，叶基心形。花单生于上部叶腋间，单瓣花，外层花瓣平展，花瓣之间重叠程度强；花梗长3～5cm；花径11～13cm；花瓣长5～6cm，宽7～8cm，阔倒卵形，无缺刻，褶皱程度强；有花心眼，心眼区小，无扩散，在春秋季，花心眼区主色暗红色，花瓣内表面主色橙黄色，次色紫色，分布于花瓣下部，第三色褐色，分布于花瓣中部；花柱长4～6cm，柱头橙色；花萼筒钟形，萼片三角形；小苞片披针形。

120. 红韵（*H. rosa-sinensis* 'Hong Yun'）

父本：梦见大溪地　　　　母本：紫韵红莲

　　株型半直立，长势中等。枝密度中等，当年生枝条近绿色。叶柄长2～4.5cm，绿色；叶片中绿色，无复色，长6～7cm，宽6～7cm，长宽比小，裂刻无或极浅，皱缩程度弱，叶缘锯齿疏，叶尖钝尖，叶基圆形。花单生于上部叶腋间，单瓣花，外层花瓣平展，花瓣之间重叠程度中等；花梗长2～4cm；花径16～18cm；花瓣长8～9.5cm，宽7～9.5cm，倒卵形，无缺刻，褶皱程度微弱；有花心眼，心眼区中等，无扩散，在春秋季，花心眼区主色暗红色，花瓣内表面主色红色，有黄色斑点，次色玫红色，分布于花瓣下部；花柱长6～8cm，柱头橙色；花萼筒钟形，萼片三角形；小苞片披针形。

121. 大花布（*H. rosa-sinensis* 'Da Hua Bu'）

父本：梦见大溪地　　　　母本：紫韵红莲

　　株型半下垂，长势中等。枝密度中等，当年生枝条近绿色。叶柄长3～6cm，绿色；叶片中绿色，无复色，长6～9cm，宽6～9cm，长宽比小，裂刻无或极浅，皱缩程度中等，叶缘锯齿中等，叶尖尖，叶基楔形。花单生于上部叶腋间，单瓣花，外层花瓣反卷，花瓣之间重叠程度弱；花梗长2～4cm；花径16～19cm；花瓣长8～10cm，宽8～10cm，倒卵形，无缺刻，褶皱程度弱；有花心眼，心眼区中等，扩散无或很短，在春秋季，花心眼区主色暗红色，花瓣内表面主色紫粉色，有白色斑点，次色灰紫色，分布于花瓣下部；花柱长7～9cm，柱头橙黄色；花萼筒钟形，萼片三角形；小苞片披针形。

122. 金秋之光（*H. rosa-sinensis* 'Jin Qiu Zhi Guang'）

父本：绮丽　　　　　母本：空中花园

　　株型半下垂，长势弱。枝密度疏，当年生枝条近绿色。叶柄长2～5cm，绿色；叶片中绿色，无复色，长6～9cm，宽6～9cm，长宽比小，裂刻无或极浅，皱缩程度弱，叶缘锯齿疏，叶尖钝尖，叶基圆形。花单生于上部叶腋间，单瓣花，外层花瓣反卷，花瓣之间重叠程度中等；花梗长3～6.5cm；花径14～16cm；花瓣长8～10cm，宽7～9cm，倒卵形，无缺刻，褶皱程度中等；有花心眼，心眼区中等，无扩散，在春秋季，花心眼区主色暗红色，花瓣内表面主色黄棕色，次色黄色、橙色，分布于花瓣先端，第三色浅紫色，分布于花瓣下部；花柱长6～8cm，柱头橙色；花萼筒钟形，萼片长三角形；小苞片披针形。

123. 暗金 (*H. rosa-sinensis* 'An Jin')

父本：烟火　　　母本：乌黛

　　株型直立，长势中等。枝密度中等，当年生枝条近绿色。叶柄长3～6cm，绿色；叶片中绿色，无复色，长6～9cm，宽5～9cm，长宽比小，裂刻极浅，皱缩程度弱，叶缘锯齿疏，叶尖圆形，叶基圆形。花单生于上部叶腋间，单瓣花，外层花瓣平展，花瓣之间重叠程度中等；花梗长3～5cm；花径13～16cm；花瓣长7～9cm，宽6～9cm，倒卵形，无缺刻，褶皱程度弱；有花心眼，心眼区中等，扩散中等，在春秋季，花心眼区主色红色，扩散玫粉色，花瓣内表面主色棕色，偶有黄白色斑点；花柱长5～7cm，柱头橙色；花萼筒钟形，萼片三角形；小苞片披针形。

124. 紫魅（*H. rosa-sinensis* 'Zi Mei'）

父本：烟火　　　　母本：邕韵

　　株型直立，长势中等。枝密度中等，当年生枝条近绿色。叶柄长1.5～4.5cm，绿色；叶片中绿色，无复色，长4.5～7cm，宽5～9cm，长宽比小，裂刻无或极浅，皱缩程度中等，叶缘锯齿疏，叶尖圆形，叶基圆形。花单生于上部叶腋间，单瓣花，外层花瓣平展，花瓣之间重叠程度强；花梗长1～2.5cm，花径12～12.5cm；花瓣长6～6.5cm，宽6.5～7cm，倒卵形，缺刻无或很弱，褶皱程度弱；有花心眼，心眼区小，无扩散，在春秋季，花心眼区主色紫红色，花瓣内表面主色灰紫色，次色棕色，分布于花瓣先端；花柱长2.5～3.5cm，柱头橙色；花萼筒钟形，萼片三角形；小苞片披针形。

125. 锦舞（*H. rosa-sinensis* 'Jin Wu'）

父本：加勒比燃烧的心　　　　　**母本：梦幻之城**

　　株型半直立，长势弱。枝密度中等，当年生枝条近绿色或近褐色。叶柄长1～3cm，褐色；叶片浅绿色，无复色，长4～7cm，宽4～7cm，长宽比小，裂刻无或极浅，皱缩程度弱，叶缘锯齿疏，叶尖钝尖，叶基圆形。花单生于上部叶腋间，单瓣花，外层花瓣平展，花瓣之间重叠程度强；花梗长3～5cm；花径15～17cm；花瓣长8～10cm，宽8～10cm，倒卵形，无缺刻，褶皱程度强；有花心眼，心眼区中等，扩散短。在春秋季，花心眼区主色暗红色，花瓣内表面主色灰紫色，次色黄色，分布于花瓣先端，第三色为粉色，分布于花瓣先端；花柱长6～8cm，柱头橙色；花萼筒钟形，萼片三角形；小苞片披针形。

126. 魅橙（*H. rosa-sinensis* 'Mei Cheng'）

父本：加勒比燃烧的心　　　　母本：梦幻之城

　　株型半直立，长势中等。枝密度中等，当年生枝条近绿色。叶柄长 2～5cm，绿色；叶片浅绿色，无复色，长 5～7cm，宽 5～7cm，长宽比中等，裂刻极浅，皱缩程度弱，叶缘锯齿中等，叶尖尖，叶基圆形。花单生于上部叶腋间，单瓣花，外层花瓣平展或反卷，花瓣之间重叠程度强；花梗长 3～6cm；花径 13～15cm；花瓣长 6～8cm，宽 6～8cm，倒卵形，无缺刻，褶皱程度微弱；有花心眼，心眼区中等，无扩散，在春秋季，花心眼区主色红色，花瓣内表面主色橙黄色，次色灰紫色，分布于花瓣下部；花柱长 5～7cm，柱头黄色；花萼筒钟形，萼片长三角形；小苞片披针形。

127. 金谷红瑞（*H. rosa-sinensis* 'Jin Gu Hong Rui'）

父本：加勒比燃烧的心　　母本：梦幻之城

株型半直立，长势中等。枝密度中等，当年生枝条近绿色。叶柄长1～3cm，绿色；叶片浅绿色，无复色，长4～7cm，宽4～7cm，长宽比小，裂刻无或极浅，皱缩程度弱，叶缘锯齿中等，叶尖钝尖，叶基圆形。花单生于上部叶腋间，单瓣花，外层花瓣平展，花瓣之间重叠程度强；花梗长2～5cm；花径15～17cm；花瓣长8～10cm，宽8～10cm，倒卵形，无缺刻，褶皱程度中等；有花心眼，心眼区中等，扩散无或很短，在春秋季，花心眼区主色暗红色花瓣内表面主色黄色，次色粉色，分布于花瓣下部；花柱长5～8cm，柱头橙色；花萼筒钟形，萼片三角形；小苞片披针形。

128. 天空之城（*H. rosa-sinensis* 'Castle In The Sky'）

父本：黄蝶　　　　母本：日轮

　　株型直立，长势强。枝密度中等，当年生枝条近绿色。叶柄长3～5cm，绿色；叶片中绿色，无复色，长7～9cm，宽5～8cm，长宽比中等，裂刻极浅，皱缩程度弱，叶缘锯齿中等，叶尖钝尖，叶基楔形。花单生于上部叶腋间，单瓣花，外层花瓣平展，花瓣之间重叠程度中等；花梗长3～4.5cm；花径14～16cm；花瓣长6～8.5cm，宽7～9cm，倒卵形，无缺刻，褶皱程度弱；有花心眼，心眼区大，扩散中等，在春秋季，花心眼区主色暗红色，扩散红色，花瓣内表面主色橘黄色，次色紫色，分布于花瓣下部；花柱长5.5～7cm，柱头橙色；花萼筒钟形，萼片三角形；小苞片披针形。

129. 橙梦（*H. rosa-sinensis* 'Orange Dream'）

父本：紫牡丹　　　母本：柠檬红茶

　　株型半下垂，长势中等。枝密度中等，当年生枝条近绿色。叶柄长3～5cm，绿色或紫色；叶片中绿色，无复色，长7～10cm，宽7～10cm，长宽比小，裂刻无或极浅，皱缩程度强，叶缘锯齿中等，叶尖圆形，叶基圆形。花单生于上部叶腋间，单瓣花，外层花瓣斜展，花瓣之间重叠程度强；花梗长3～5cm；花径12～16cm；花瓣长6～9cm，宽7.5～10cm，阔倒卵形，无缺刻，褶皱程度中等；有花心眼，心眼区中等，无扩散，在春秋季，花心眼区主色暗红色，花瓣内表面主色橙色，次色紫粉色，分布于花瓣下部；花柱长6～8cm，柱头橙色；花萼筒钟形，萼片三角形；小苞片披针形。

130. 雨燕（*H. rosa-sinensis* 'Yu Yan'）

父本：邕韵　　　母本：梦见大溪地

　　株型半直立，长势中等。枝密度中等，当年生枝条近绿色。叶柄长2～4cm，绿色；叶片深绿色，无复色，长5～7cm，宽4～6cm，长宽比小，裂刻无或极浅，皱缩程度弱，叶缘锯齿疏，叶尖钝尖，叶基圆形。花单生于上部叶腋间，单瓣花，花柱瓣化，外层花瓣反卷，花瓣之间重叠程度弱；花梗长4～5cm；花径16～18.5cm；花瓣长8～10cm，宽6～9cm，倒卵形，无缺刻，褶皱程度微弱；有花心眼，心眼区中等，扩散很短，在春秋季，花心眼区主色深红色，花瓣内表面主色粉色，次色玫红色、紫色，分布于花瓣下部；花柱长5～7cm，柱头黄色；花萼筒钟形，萼片三角形；小苞片披针形。

131. 莲心华座（*H. rosa-sinensis* 'Lian Xin Hua Zuo'）

父本：邕韵　　　　母本：梦见大溪地

　　株型半直立，长势中等。枝密度中等，当年生枝条近绿色或近褐色。叶柄长3～5cm，绿色；叶片深绿色，无复色，长7～9cm，宽6～8cm，长宽比小，裂刻无或极浅，皱缩程度强，叶缘锯齿疏，叶尖尖，叶基楔形。花单生于上部叶腋间，单瓣花，外层花瓣平展，花瓣之间重叠程度中等；花梗长2～4cm；花径15～18cm；花瓣长8～10cm，宽7～9.5cm，倒卵形，无缺刻，褶皱程度微弱；有花心眼，心眼区中等，扩散中等，在春秋季，花心眼区主色暗红色，花瓣内表面主色黄色，次色浅紫色，分布于花瓣下部，第三色玫红色，分布于花瓣下部；花柱长5～7cm，柱头橙色；花萼筒钟形，萼片三角形；小苞片披针形。

132. 风华 (*H. rosa-sinensis* 'Feng Hua')

父本：日轮　　　　**母本：紫霞仙子**

　　株型直立，长势强。枝密度中等，当年生枝条近绿色。叶柄长6～7cm，绿色；叶片深绿色，长9～11cm，宽9～11cm，长宽比小，裂刻无或极浅，皱缩程度弱，叶缘锯齿疏，叶尖钝尖，叶基圆形。花单生于上部叶腋间，单瓣花，外层花瓣反卷，花瓣之间重叠程度强；花梗长4～7cm；花径13～16cm；花瓣长7～8cm，宽7～8cm，倒卵形，无缺刻，褶皱程度强；有花心眼，心眼区中等，无扩散。在春秋季，花心眼区主色暗红色，花瓣内表面主色红色，有白色斑点，次色粉色，分布于花瓣先端和下部；花柱长6～8cm，柱头橙色；花萼筒钟形，萼片三角形；小苞片披针形。

133. 奔放之歌（*H. rosa-sinensis* 'A Wild Song'）

父本：月光迷情　　　　母本：邕红

　　株型直立，长势中等。枝密度疏，当年生枝条近绿色。叶柄长1～3cm；叶片中绿色，长5～7cm，宽5～7cm，长宽比小，裂刻无或极浅，皱缩程度强，叶缘锯齿疏，叶尖尖，叶基圆形。花单生于上部叶腋间，单瓣花，外层花瓣平展，花瓣之间重叠程度强；花梗长2～4cm；花径12～15cm；花瓣长7～8cm，宽6～8cm，倒卵形，无缺刻，褶皱程度微弱；有花心眼，心眼区大，扩散中等，在春秋季，花心眼区主色暗红色，花瓣内表面主色橘红色，次色灰紫色，分布于花瓣下部，且花瓣内表面有黄色斑点；花柱长3～6cm，柱头橙色；花萼筒钟形，萼片三角形；小苞片披针形。

134. 茉莉之梦（*H. rosa-sinensis* 'Jasmine's Dream'）

父本：甜蜜恋曲　　　　母本：紫霞仙子

　　株型半直立，长势中等。枝密度中等，当年生枝条近紫色。叶柄长1～4cm，绿色；叶片中绿色，无复色，长6～8cm，宽6～8cm，长宽比小，裂刻浅，皱缩程度中等，叶缘锯齿中等，叶尖尖，叶基圆形。花单生于上部叶腋间，单瓣花，外层花瓣平展或斜展，花瓣之间重叠程度强；花梗长2～4cm；花径14～17cm；花瓣长7～9.5cm，宽7～9.5cm，倒卵形，无缺刻，褶皱程度微弱；有花心眼，心眼区中等，扩散短，在春秋季，花心眼区主色深红色，花瓣内表面主色粉白色，次色黄白色，分布于花瓣先端；花柱长7～9cm，柱头红色；花萼筒钟形，萼片三角形；小苞片披针形。

135. 青城（*H. rosa-sinensis* 'Qing Cheng'）

父本：夏荷　　　母本：加勒比燃烧的心

　　株型直立，长势弱。枝密度中等，当年生枝条近绿色。叶柄长2～3.5cm，绿色；叶片中绿色，无复色，长5～8cm，宽4～7cm，长宽比小，裂刻无或极浅，皱缩程度中等，叶缘锯齿疏，叶尖圆形，叶基楔形。花单生于上部叶腋间，单瓣花，外层花瓣反卷，花瓣之间重叠程度强；花梗长2～4cm，花径16～18.5cm；花瓣长8～10cm，宽8.5～10.5cm，倒卵形，无缺刻，褶皱程度弱；有花心眼，心眼区中等，无扩散，在春秋季，花心眼区主色暗红色，内有粉色斑点，花瓣内表面主色粉色，次色黄色，分布于花瓣先端，第三色紫色，分布于花瓣下部。花柱长7～8cm，柱头橙色；花萼筒钟形，萼片三角形；小苞片披针形。

136. 蓬莱仙境（*H. rosa-sinensis* 'Peng Lai Fairyland'）

父本：夏荷　　　　母本：加勒比燃烧的心

　　株型直立，长势弱。枝密度中等，当年生枝条近紫色。叶柄长3～6cm，紫色；叶片中绿色，无复色，长5～9cm，宽5～9cm，长宽比小，裂刻极浅，皱缩程度中等，叶缘锯齿疏，叶尖钝尖，叶基圆形。花单生于上部叶腋间，单瓣花，外层花瓣平展，花瓣之间重叠程度强；花梗长2～5cm；花径13～16cm；花瓣长6～9cm，宽7～9cm，倒卵形，无缺刻，褶皱程度弱；有花心眼，心眼区中等，扩散无或很短，在春秋季，花心眼区主色深红色，花瓣内表面主色黄色，次色粉紫色，分布于花瓣下部；花柱长5～7cm，柱头橙色；花萼筒钟形，萼片三角形；小苞片披针形。

137. 西湖烟波（*H. rosa-sinensis* 'Xi Hu Yan Bo'）

父本：朔日　　　母本：邕红

　　株型直立，长势弱。枝密度疏，当年生枝条近紫色。叶柄长1～3cm，紫色或绿色；叶片中绿色，无复色，长4～6cm，宽4～6cm，长宽比小，裂刻无或极浅，皱缩程度中等，叶缘锯齿中等，叶尖圆形，叶基圆形。花单生于上部叶腋间，单瓣花，外层花瓣反卷，花瓣之间重叠程度中等；花梗长2～4cm；花径14～17cm；花瓣长6～9cm，宽5～8cm，倒卵形，无缺刻，褶皱程度中等；有花心眼，心眼区中等，扩散中等，在春秋季，花心眼区主色暗红色，花瓣内表面主色橘色，花色随季节温度变化，次色棕色，分布于花瓣内表面，第三色浅紫色，分布于花瓣下部；花柱长4～7cm，柱头橙色；花萼筒钟形，萼片长三角形；小苞片披针形。

138. 鹿鸣（*H. rosa-sinensis* 'Lu Ming'）

父本：湿婆　　　母本：邕韵

　　株型半下垂，长势弱。枝密度中等，当年生枝条近绿色。叶柄长2～5cm，绿色；叶片浅绿色，无复色，长5～7.5cm，宽5～7cm，长宽比小，无裂刻，皱缩程度弱，叶缘锯齿疏，叶尖钝尖，叶基楔形。花单生于上部叶腋间，单瓣花，外层花瓣平展，花瓣之间重叠程度强；花梗长4～6cm；花径13.5～16.5cm；花瓣长7～9cm，宽7～9cm，倒卵形，无缺刻，褶皱程度弱；有花心眼，心眼区中等，扩散短，在春秋季，花心眼区主色暗红色，花瓣内表面主色黄褐色，次色橙色，分布于花瓣先端，第三色粉色，分布于花瓣下部；花柱长6.5～8.5cm，柱头橙色；花萼筒钟形，萼片三角形；小苞片披针形。

139. 焰影（*H. rosa-sinensis* 'Yan Ying'）

父本：骐乐　　　母本：邕红

　　株型直立，长势中等。枝密度疏，当年生枝条近褐色。叶柄长1～3cm，绿色或褐色；叶片中绿色，无复色，长5～11cm，宽5～9cm，长宽比小，裂刻无或极浅，皱缩程度弱，叶缘锯齿疏，叶尖尖，叶基圆形。花单生于上部叶腋间，单瓣花，外层花瓣反卷，花瓣之间重叠程度强；花梗长2～4cm；花径14～16cm；花瓣长7～9cm，宽7～9cm，倒卵形，无缺刻，褶皱程度微弱；有花心眼，心眼区小，扩散无或很短，在春秋季，花心眼区主色深红色，花瓣内表面主色黄棕色，次色黄色，呈斑点状遍布于花瓣内表面；花柱长6～7cm，柱头红色；花萼筒钟形，萼片三角形；小苞片披针形。

140. 流年 (*H. rosa-sinensis* 'Liu Nian')

父本：紫韵红莲　　　　母本：绮丽

　　株型直立，长势中等。枝密度中等，当年生枝条近绿色。叶柄长1～3cm，绿色；叶片中绿色，无复色，长4～8cm，宽5～8cm，长宽比小，裂刻无或极浅，皱缩程度中等，叶缘锯齿疏，叶尖钝尖，叶基楔形。花单生于上部叶腋间，单瓣花，外层花瓣平展，花瓣之间重叠程度强；花梗长3～5cm；花径17～20cm；花瓣长9～11cm，宽9～11cm，倒卵形，无缺刻，褶皱程度弱；有花心眼，心眼区中等，扩散短，在春秋季，花心眼区主色暗红色，花瓣内表面主色灰紫色，次色浅紫色，分布于花瓣先端；花柱长7～9cm，柱头橙色；花萼筒钟形，萼片三角形；小苞片披针形。

141. 华薇（*H. rosa-sinensis* 'Hua Wei'）

父本：加勒比燃烧的心　　　　**母本：紫霞仙子**

　　株型直立，长势中等。枝密度中等，当年生枝条近绿色。叶柄长2～6cm，绿色；叶片中绿色，无复色，长4～8cm，宽5～9cm，长宽比小，裂刻极浅，皱缩程度弱，叶缘锯齿疏，叶尖钝尖，叶基心形。花单生于上部叶腋间，单瓣花，柱头偶有塔状瓣化，外层花瓣平展，花瓣之间重叠程度强；花梗长3～5cm；花径13～15cm；花瓣长6～8cm，宽8～9.5cm，阔倒卵形，无缺刻，褶皱程度强；有花心眼，心眼区大，扩散短，在春秋季，花心眼区主色暗红色，花瓣内表面主色灰紫色，次色玫粉色，分布于花瓣先端；花柱长4.5～6cm，柱头橙色；花萼筒钟形，萼片三角形；小苞片披针形。

142. 红梦（*H. rosa-sinensis* 'Red Dream'）

父本：湿婆　　　　母本：美人花语

　　株型开展，长势强。枝密度中等，当年生枝条近绿色。叶柄长1.5～3.5cm，绿色；叶片中绿色，无复色，长5～7cm，宽5～7cm，长宽比小，裂刻无或极浅，皱缩程度弱，叶缘锯齿疏，叶尖圆形，叶基圆形。花单生于上部叶腋间，单瓣花，外层花瓣平展或反卷，花瓣之间重叠程度中等；花梗长5～7cm；花径14～17cm；花瓣长7～9cm，宽6～8cm，倒卵形，无缺刻，褶皱程度微弱；有花心眼，心眼区中等，扩散很短，在春秋季，花心眼区主色暗红色，花瓣内表面主色红色，无次色；花柱长5～7cm，柱头橙色；花萼筒钟形，萼片长三角形；小苞片披针形。

143. 红枫（*H. rosa-sinensis* 'Red Maple'）

父本：穆清　　　母本：红羽

　　株型直立，长势强。枝密度中等，当年生枝条近绿色。叶柄长2～5cm，绿色；叶片深绿色，无复色，长6～8cm，宽6～8cm，长宽比中等，裂刻无或极浅，皱缩程度强，叶缘锯齿疏，叶尖钝尖，叶基心形。花单生于上部叶腋间，单瓣花，外层花瓣反卷或平展，花瓣之间重叠程度弱；花梗长3～5cm；花径16～18cm；花瓣长8～10cm，宽8～10cm，倒卵形，无缺刻，褶皱程度弱；有花心眼，心眼区中等，扩散中等，在春秋季，花心眼区主色深红色，花瓣内表面主色红色，次色橙色，分布于花瓣先端；花柱长6～8cm，柱头橙色；花萼筒钟形，萼片三角形；小苞片披针形。

144. 金影（*H. rosa-sinensis* 'Jin Ying'）

父本：加勒比燃烧的心　　　母本：湿婆

　　株型直立，长势中等。枝密度中等，当年生枝条近绿色。叶柄长2～4cm，绿色；叶片中绿色，无复色，长5～10cm，宽6～8cm，长宽比小，裂刻无或极浅，皱缩程度中等，叶缘锯齿疏，叶尖尖，叶基楔形。花单生于上部叶腋间，单瓣花，外层花瓣平展，花瓣之间重叠程度强；花梗长2～4cm；花径11～13.5cm；花瓣长5～7cm，宽6～8cm，倒卵形，无缺刻，褶皱程度弱；有花心眼，心眼区中等，扩散很短，在春秋季，花心眼区主色暗红色，花瓣内表面主色黄棕色，次色黄色，遍布于花瓣内表面，第三色浅紫色，分布于花瓣下部；花柱长5～7cm，柱头红色；花萼筒钟形，萼片长三角形；小苞片披针形。

145. 夏诺的褶裙（*H. rosa-sinensis* 'Siano's Pleated Skirt'）

父本：日轮　　　母本：紫霞仙子

　　株型开展，长势弱。枝密度疏，当年生枝条近绿色。叶柄长2～4cm，褐色；叶片浅绿色，无复色，长4～6cm，宽4～6cm，长宽比小，裂刻无或极浅，皱缩程度中等，叶缘锯齿疏，叶尖钝尖，叶基心形。花单生于上部叶腋间，单瓣花，外层花瓣平展，花瓣之间重叠程度强；花梗长2～4cm；花径13～17cm；花瓣长6～8cm，宽7～9cm，倒卵形，无缺刻，褶皱程度中等；有花心眼，心眼区中等，无扩散，在春秋季，花心眼区主色暗红色，花瓣内表面主色紫粉色，次色灰紫色，分布于花瓣下部；花柱长5～7cm，柱头橙色；花萼筒钟形，萼片三角形；小苞片披针形。

146. 云舞（*H. rosa-sinensis* 'Yun Wu'）

父本：邕韵　　　　母本：白鹭

　　株型半下垂，长势弱。枝密度中等，当年生枝条近紫色。叶柄长1~4cm，紫色或绿色；叶片深绿色，无复色，长5~8cm，宽4~7cm，长宽比中等，裂刻无或极浅，皱缩程度中等，叶缘锯齿疏，叶尖钝尖，叶基圆形。花单生于上部叶腋间，单瓣花，外层花瓣平展，花瓣之间重叠程度强；花梗长1~3cm；花径14~17cm；花瓣长7~9cm，宽7~8cm，倒卵形，无缺刻，褶皱程度微弱；有花心眼，心眼区大，扩散小，在春秋季，花心眼区主色暗红色，花瓣内表面主色棕橘色，次色橙色，分布于花瓣先端，第三色紫粉色，分布于花瓣下部；花柱长5~6cm，柱头红色；花萼筒钟形，萼片三角形；小苞片披针形。

147. 红雾（*H. rosa-sinensis* 'Red Mist'）

父本：胭脂泪　　　　母本：紫霞仙子

　　株型直立，长势中等。枝密度密，当年生枝条近紫色。叶柄长 2～5cm，绿色；叶片中绿色，无复色，长 6～9cm，宽 5～8cm，长宽比小，裂刻极浅，皱缩程度中等，叶缘锯齿疏，叶尖钝尖，叶基圆形。花单生于上部叶腋间，单瓣花，外层花瓣平展，花瓣之间重叠程度中等；花梗长 4～6cm，花径 15～17cm；花瓣长 7～9cm，宽 7～10cm，倒卵形，无缺刻，褶皱程度中等；有花心眼，心眼区中等，无扩散，在春秋季，花心眼区主色深红色，花瓣内表面主色红色，无次色；花柱长 5～8cm，柱头橙色；花萼筒钟形，萼片三角形；小苞片披针形。

148. 韵梦（*H. rosa-sinensis* 'Yun Meng'）

父本：烟火　　　　母本：紫霞仙子

　　株型直立，长势中等。枝密度疏，当年生枝条近绿色或近紫色。叶柄长2～5cm，绿色或褐色；叶片深绿色，无复色，长4～6cm，宽4～7cm，长宽比小，裂刻极浅，皱缩程度弱，叶缘锯齿中等，叶尖钝尖，叶基圆形。花单生于上部叶腋间，单瓣花，外层花瓣平展或斜展，花瓣之间重叠程度中等；花梗长2～4cm；花径13～15cm；花瓣长7～9cm，宽6～8cm，倒卵形，无缺刻，褶皱程度微弱；有花心眼，心眼区中等，扩散长，在春秋季，花心眼区主色紫粉色，花瓣内表面主色灰紫色，次色粉色，分布于花瓣先端；花柱长5～7cm，柱头橙色；花萼筒钟形，萼片三角形；小苞片披针形。

149. 念蓝双（*H. rosa-sinensis* 'Nian Lan Shuang'）

父本：湿婆　　母本：紫霞仙子

　　株型半直立，长势中等。枝密度中等，当年生枝条近绿色。叶柄长 2～4.5cm，绿色；叶片中绿色，无复色，长 5～8cm，宽 4～8cm，长宽比小，裂刻浅，皱缩程度强，叶缘锯齿中等，叶尖钝尖，叶基圆形。花单生于上部叶腋间，单瓣花，外层花瓣平展，花瓣之间重叠程度弱；花梗长 2～5cm，花径 13～15cm；花瓣长 6～7.5cm，宽 6～7cm，倒卵形，缺刻无或很弱，褶皱程度弱；有花心眼，心眼区中等，扩散短，在春秋季，花心眼区主色紫粉色，花瓣内表面主色紫罗兰色，内表面有黄白色斑块；花柱长 6～7cm，柱头红色；花萼筒钟形，萼片三角形；小苞片披针形。

150. 美杜莎之眼（*H. rosa-sinensis* 'Medusa's Eyes'）

父本：烟火　　　　**母本：湿婆**

　　株型开展，长势弱。枝密度中等，当年生枝条近绿色。叶柄长2～4.5cm，绿色；叶片中绿色，无复色，长6～8cm，宽6～8cm，长宽比小，裂刻无或极浅，皱缩程度中等，叶缘锯齿疏，叶尖钝尖，叶基楔形。花单生于上部叶腋间，单瓣花，外层花瓣反卷，花瓣之间重叠程度中等；花梗长3～5cm；花径12～14cm；花瓣长6～7cm，宽5～8cm，倒卵形，缺刻无或很弱，褶皱程度弱；有花心眼，心眼区中等，扩散短，在春秋季，花心眼区主色暗红色，花瓣内表面主色暗紫色，次色棕橘色，分布于花瓣先端，且花瓣内表面有黄色斑点；花柱长6～7cm，柱头橙色；花萼筒钟形，萼片三角形；小苞片披针形。

151. 幻花影（*H. rosa-sinensis* 'Huan Hua Ying'）

父本：邕红　　　　母本：大溪地王子

　　株型开展，长势弱。枝密度疏，当年生枝条近绿色。叶柄长1～3cm，绿色；叶片中绿色，无复色，长5.5～7cm，宽4～6cm，长宽比中等，裂刻极浅，皱缩程度弱，叶缘锯齿疏，叶尖钝尖，叶基圆形。花单生于上部叶腋间，单瓣花，外层花瓣平展，花瓣之间重叠程度强；花梗长1～4cm；花径11～13cm；花瓣长6～8cm，宽4～7cm，倒卵形，无缺刻，褶皱程度微弱；有花心眼，心眼区中等，扩散中等，在春秋季，花心眼区主色紫粉色，花瓣内表面主色紫罗兰色，次色白色，呈斑状遍布于花瓣内表面；花柱长4～7cm，柱头橙色；花萼筒钟形，萼片三角形；小苞片披针形。

152. 玄武黑石 (*H. rosa-sinensis* 'Xuan Wu Hei Shi')

父本：紫韵红莲　　　　母本：湿婆

　　株型半直立，长势中等。枝密度中等，当年生枝条近绿色。叶柄长1~3cm，绿色；叶片中绿色，无复色，长5~6cm，宽4~6cm，长宽比小，裂刻极浅，皱缩程度弱，叶缘锯齿疏，叶尖圆形，叶基楔形。花单生于上部叶腋间，单瓣花，外层花瓣平展，花瓣之间重叠程度强；花梗长2~5cm；花径14~17cm；花瓣长7~9cm，宽7~9cm，倒卵形，无缺刻，褶皱程度微弱；有花心眼，心眼区中等，无扩散，在春秋季，花心眼区主色暗红色，花瓣内表面主色棕色，次色灰色，分布于花瓣下部。花柱长7~9cm，柱头红色；花萼筒钟形，萼片长三角形；小苞片披针形。

153. 桃源仙境（*H. rosa-sinensis* 'Tao Yuan Xian Jing'）

父本：紫韵红莲　　　母本：湿婆

　　株型半直立，长势强。枝密度中等，当年生枝条近绿色。叶柄长1～4cm，绿色；叶片中绿色，无复色，长6～8cm，宽6～10cm，长宽比小，裂刻无或极浅，皱缩程度中等，叶缘锯齿疏，叶尖钝尖，叶基心形。花单生于上部叶腋间，单瓣花，外层花瓣平展，花瓣之间重叠程度强；花梗长2～4cm；花径12～14cm；花瓣长6～7cm，宽6～8cm，倒卵形，无缺刻，褶皱程度弱；有花心眼，心眼区中等，扩散无或很短，在春秋季，花心眼区主色暗红色，花瓣内表面主色黄棕色，有黄色斑点，次色灰紫色，分布于花瓣下部；花柱长5～6cm，柱头红色；花萼筒钟形，萼片三角形；小苞片披针形。

154. 华彩 (*H. rosa-sinensis* 'Hua Cai')

父本：夏荷　　　　**母本：湿婆**

　　株型半直立，长势弱。枝密度疏，当年生枝条近绿色。叶柄长 1～3cm，绿色；叶片中绿色，无复色，长 4～6cm，宽 4～7cm，长宽比小，裂刻无或极浅，皱缩程度中等，叶缘锯齿疏，叶尖尖，叶基圆形。花单生于上部叶腋间，单瓣花，外层花瓣平展，花瓣之间重叠程度强；花梗长 3～4cm；花径 7～9cm；花瓣长 4～5cm，宽 4～5cm，倒卵形，无缺刻，褶皱程度微弱；有花心眼，心眼区大，无扩散，在春秋季，花心眼区主色暗红色，花瓣内表面主色灰棕色，次色黄色，遍布于花瓣表面，第三色紫色，分布于花半下部；花柱长 3～5cm，柱头红色；花萼筒钟形，萼片三角形；小苞片披针形。

155. 红心棕影（*H. rosa-sinensis* 'Hong Xin Zong Ying'）

父本：夏荷　　　　母本：湿婆

　　株型半下垂，长势中等。枝密度中等，当年生枝条近绿色。叶柄长2~4cm，绿色；叶片中绿色，无复色，长5~8cm，宽4~7cm，长宽比小，裂刻无或极浅，皱缩程度中等，叶缘锯齿疏，叶尖钝尖，叶基楔形。花单生于上部叶腋间，单瓣花，外层花瓣反卷，花瓣之间重叠程度强；花梗长4~6cm；花径14~17cm；花瓣长7~9cm，宽7~9cm，阔倒卵形，无缺刻，褶皱程度无或微弱；有花心眼，心眼区大，无扩散，在春秋季，花心眼区主色暗红色，花瓣内表面主色灰棕色，次色浅紫色，分布于花瓣下部；花柱长5~6cm，柱头橙色；花萼筒钟形，萼片三角形；小苞片披针形。

156. 瑞秋 (*H. rosa-sinensis* 'Rui Qiu')

父本：邕红　　　母本：紫霞仙子

　　株型半下垂，长势中等。枝密度疏，当年生枝条近绿色。叶柄长1～3cm，绿色；叶片中绿色，无复色，长6～8cm，宽5～7cm，长宽比小，裂刻极浅，皱缩程度弱，叶缘锯齿中等，叶尖钝尖，叶基圆形。花单生于上部叶腋间，单瓣花，外层花瓣反卷，花瓣之间重叠程度强；花梗长3～5cm；花径16～18cm；花瓣长7～9cm，宽7～9cm，倒卵形，无缺刻，褶皱程度弱；有花心眼，心眼区中等，扩散短，在春秋季，花心眼区主色暗红色，花瓣内表面主色紫红色，次色紫色，分布于花瓣下部；花柱长6～8cm，柱头橙色；花萼筒钟形，萼片长三角形；小苞片披针形。

157. 红袖（*H. rosa-sinensis* 'Hong Xiu'）

父本：邕红　　　　母本：紫霞仙子

　　株型半下垂，长势中等。枝密度疏，当年生枝条近绿色。叶柄长2～4cm，绿色；叶片浅绿色，无复色，长5～8cm，宽5～7cm，长宽比小，裂刻极浅，皱缩程度中等，叶缘锯齿中等，叶尖钝尖，叶基圆形。花单生于上部叶腋间，单瓣花，外层花瓣平展，花瓣之间重叠程度强；花梗长3～5cm；花径15～18cm；花瓣长7～9cm，宽8～11cm，倒卵形，无缺刻，褶皱程度中等；有花心眼，心眼区中等，扩散很短，在春秋季，花心眼区主色暗红色，花瓣内表面主色红色，有白色斑点，次色紫色，分布于花瓣下部；花柱长5～7cm，柱头红色；花萼筒钟形，萼片三角形；小苞片披针形。

158. 锦瑟年华（*H. rosa-sinensis* 'Jin Se Nian Hua'）

父本：邕红　　　母本：紫霞仙子

　　株型开展，长势弱。枝密度疏，当年生枝条近褐色。叶柄长3～5cm，褐色；叶片深绿色，无复色，长5～7cm，宽5～7cm，长宽比小，裂刻无或极浅，皱缩程度强，叶缘锯齿中等，叶尖钝尖，叶基心形。花单生于上部叶腋间，单瓣花，外层花瓣平展，花瓣之间重叠程度强；花梗长3～5cm；花径12～15cm；花瓣长6～8cm，宽6～8cm，倒卵形，无缺刻，褶皱程度中等；有花心眼，心眼区大，扩散长，在春秋季，花心眼区主色暗红色，花瓣内表面主色紫色，次色白色，分布于花瓣下部；花柱长3～5cm，柱头红色；花萼筒，萼片长三角形；小苞片披针形。

159. 花影流彩（*H. rosa-sinensis* 'Hua Ying Liu Cai'）

父本：湿婆　　　母本：紫霞仙子

　　株型半直立，长势中等。枝密度中等，当年生枝条近绿色。叶柄长3～6cm，绿色；叶片浅绿色，无复色，长6～9cm，宽7～9cm，长宽比小，裂刻无或极浅，皱缩程度强，叶缘锯齿疏，叶尖钝尖，叶基心形，叶片主色为叶片。花单生于上部叶腋间，单瓣花，外层花瓣反卷，花瓣之间重叠程度中等；花梗长2～5cm；花径13～15cm；花瓣长6～8cm，宽6～9cm，倒卵形，无缺刻，褶皱程度弱；有花心眼，心眼区大，扩散短，在春秋季，花心眼区主色暗红色，花瓣内表面主色紫色，有粉白色斑点；花柱长6～8cm，柱头橙色；花萼筒钟形，萼片三角形；小苞片披针形。

160. 芳华（*H. rosa-sinensis* 'Fang Hua'）

父本：月光迷情　　　　母本：月微

株型半直立，长势强。枝密度中等，当年生枝条近绿色。叶柄长1～3cm，绿色；叶片中绿色，无复色，长5～7cm，宽5～7cm，长宽比小，裂刻无或极浅，皱缩程度弱，叶缘锯齿疏，叶尖钝尖，叶基楔形。花单生于上部叶腋间，单瓣花，花柱偶瓣化，外层花瓣反卷，花瓣之间重叠程度强；花梗长3～5cm；花径11～13cm；花瓣长6～8cm，宽7～9cm，阔倒卵形，无缺刻，褶皱程度弱；有花心眼，心眼区小，扩散短，在春秋季，花心眼区主色红色，花瓣内表面主色黄色，次色紫色，分布于花瓣下部；花柱长5～7cm，柱头黄色；花萼筒钟形，萼片长三角形；小苞片披针形。

161. 丝绸之恋（*H. rosa-sinensis* 'Silk Love'）

父本：加勒比燃烧的心　　　母本：日轮

　　株型直立，长势中等。枝密度疏，当年生枝条近褐色。叶柄长2～4cm，褐色或绿色；叶片中绿色，无复色，长6～8cm，宽5～7cm，长宽比小，裂刻极浅，皱缩程度中等，叶缘锯齿中等，叶尖钝尖，叶基楔形。花单生于上部叶腋间，单瓣花，外层花瓣平展，花瓣之间重叠程度强；花梗长1～4cm；花径11～14cm；花瓣长5～7cm，宽7～9cm，阔倒卵形，无缺刻，褶皱程度强；有花心眼，心眼区中等，扩散很短，在春秋季，花心眼区主色红色，花瓣内表面主色橙黄色，次色紫粉色，分布于花瓣下部，第三色黄色，分布于花瓣先端；花柱长3～5cm，柱头橙色；花萼筒钟形，萼片三角形；小苞片披针形。

162. 丹霞（*H. rosa-sinensis* 'Dan Xia'）

父本：邕韵　　　**母本：湿婆**

　　株型半直立，长势强。枝密度中等，当年生枝条近绿色。叶柄长3～4.5cm，绿色；叶片深绿色，无复色，长6～8cm，宽6～8cm，长宽比小，裂刻无或极浅，皱缩程度弱，叶缘锯齿疏，叶尖钝尖，叶基楔形。花单生于上部叶腋间，单瓣花，外层花瓣平展，花瓣之间重叠程度中等；花梗长2～4cm；花径12～14cm；花瓣长6～8cm，宽7～8cm，阔倒卵形，无缺刻，褶皱程度弱；有花心眼，心眼区中等，无扩散，在春秋季，花心眼区主色暗红色，花瓣内表面主色黄色，次色橙色，遍布于花瓣内表面，第三色白色，分布于花瓣下部；花柱长5～7cm，柱头橙色；花萼筒钟形，萼片三角形；小苞片披针形。

163. 罗丹的情人（*H. rosa-sinensis* 'Rodin's Lover'）

父本：邕韵　　　　母本：湿婆

　　株型直立，长势弱。枝密度疏，当年生枝条近绿色。叶柄长2～5cm，绿色；叶片中绿色，无复色，长5～7cm，宽5～7cm，长宽比小，裂刻无或极浅，皱缩程度弱，叶缘锯齿疏，叶尖圆形，叶基楔形。花单生于上部叶腋间，单瓣花，外层花瓣平展，花瓣之间重叠程度中等；花梗长2～5cm；花径10～13cm；花瓣长5～7cm，宽6～7cm，阔倒卵形，无缺刻，褶皱程度弱；有花心眼，心眼区中等，扩散短，在春秋季，花心眼区主色暗红色，花瓣内表面主色黄色，次色褐色，分布于花瓣表面，第三色浅紫色，分布于花瓣下部；花柱长5～7cm，柱头橙色；花萼筒钟形，萼片三角形；小苞片披针形。

164. 琉璃之梦（*H. rosa-sinensis* 'Liu Li's Dream'）

父本：紫韵红莲　　　　母本：湿婆

　　株型半下垂，长势中等。枝密度疏，当年生枝条近绿色。叶柄长2～4cm，绿色；叶片中绿色，无复色，长6.5～9cm，宽6.5～9cm，长宽比小，裂刻无或极浅，皱缩程度弱，叶缘锯齿疏，叶尖钝尖，叶基圆形。花单生于上部叶腋间，单瓣花，外层花瓣平展或反卷，花瓣之间重叠程度强；花梗长3～6cm；花径13～16cm；花瓣长6～8cm，宽7～10cm，阔倒卵形，无缺刻，褶皱程度强；有花心眼，心眼区大，扩散短，在春秋季，花心眼区主色紫红色，花瓣内表面主色褐色，次色黄绿色，分布于花瓣表面，第三色灰色，分布于花瓣下部；花柱长4～7cm，柱头红色；花萼筒钟形，萼片三角形；小苞片披针形。

165. 粉红之恋（*H. rosa-sinensis* 'Pink Love'）

父本：梦幻之城　　　　母本：紫霞仙子

　　株型半下垂，长势强。枝密度中等，当年生枝条近绿色。叶柄长1～8cm，绿色；叶片中绿色，无复色，长4～6cm，宽3～5.5cm，长宽比小，裂刻无或极浅，皱缩程度弱，叶缘锯齿疏。花单生于上部叶腋间，单瓣花，外层花瓣平展，花瓣之间重叠程度中等；花梗长1～4cm；花径11～14cm；花瓣长5～8cm，宽5～7cm，倒卵形，无缺刻，褶皱程度弱；有花心眼，心眼区中等，无扩散，在春秋季，花心眼区主色暗红色，花瓣内表面主色紫色，次色紫粉色，分布于花瓣先端；花柱长5～7cm，柱头橙色；花萼筒钟形，萼片三角形；小苞片披针形。

166. 红霞舞袖（*H. rosa-sinensis* 'Hong Xia Wu Xiu'）

父本：邕红　　　　母本：紫霞仙子

　　株型半下垂，长势中等。枝密度中等，当年生枝条近绿色或近紫色。叶柄长3～4cm，绿色或紫色；叶片深绿色，无复色，长5～7cm，宽6～8.5cm，长宽比小，裂刻无或极浅，皱缩程度中等，叶缘锯齿疏，叶尖钝尖，叶基心形。花单生于上部叶腋间，单瓣花，外层花瓣斜展或平展，花瓣之间重叠程度中等；花梗长3～5cm；花径13～16cm；花瓣长7～9cm，宽6～8cm，倒卵形，无缺刻，褶皱程度微弱；有花心眼，心眼区中等，扩散中等，在春秋季，花心眼区主色暗红色，花瓣内表面主色紫罗兰色，次色橘红色，分布于花瓣先端；花柱长5～7.5cm，柱头橙色；花萼筒钟形，萼片三角形；小苞片披针形。

167. 嫣红（*H. rosa-sinensis* 'Yan Hong'）

父本：梦见大溪地　　　母本：邕红

　　株型半下垂，长势中等。枝密度疏，当年生枝条近绿色。叶柄长3～5cm，绿色；叶片中绿色，无复色，长7～9cm，宽7～9cm，长宽比小，裂刻无或极浅，皱缩程度中等，叶缘锯齿疏，叶尖钝尖，叶基楔形。花单生于上部叶腋间，单瓣花，外层花瓣反卷，花瓣之间重叠程度强；花梗长3.5～5cm；花径16～19cm；花瓣长7.5～9cm，宽9～11cm，倒卵形，无缺刻，褶皱程度弱；有花心眼，心眼区中等，无扩散，在春秋季，花心眼区主色暗红色，花瓣内表面主色红色，次色橘红色,分布于花瓣下部；花柱长6～8cm，柱头橙色；花萼筒钟形，萼片三角形；小苞片披针形。

168. 月夜紫（*H. rosa-sinensis* 'Moonlit Night Purple'）

父本：梦幻霓裳　　　　母本：巧克力蛋糕

　　株型直立，长势中等。枝密度中等，当年生枝条近绿色。叶柄长2～4cm，绿色；叶片深绿色，无复色，长6～8cm，宽4～7cm，长宽比中等，裂刻极浅，皱缩程度弱，叶缘锯齿中等，叶尖尖，叶基圆形。花单生于上部叶腋间，单瓣花，外层花瓣平展，花瓣之间重叠程度中等；花梗长2～4cm；花径10～13cm；花瓣长5～6cm，宽6～7cm，阔倒卵形，无缺刻，褶皱程度无或微弱；有花心眼，心眼区小，扩散无或很短，在春秋季，花心眼区主色紫红色，花瓣内表面主色紫色，次色黄色，分布于花瓣先端；花柱长6～7cm，柱头红色；花萼筒钟形，萼片三角形；小苞片披针形。

169. 炫彩星（*H. rosa-sinensis* 'Xuan Cai Xing'）

父本：白玉蝴蝶　　　　母本：巧克力蛋糕

　　株型直立，长势中等。枝密度中等，当年生枝条近绿色。叶柄长2～5cm，绿色，叶片深绿色，无复色，长6～9cm，宽6～9cm，长宽比小，裂刻无或极浅，皱缩程度中等，叶缘锯齿疏，叶尖钝尖，叶基圆形。花单生于上部叶腋间，单瓣花，外层花瓣平展，花瓣之间重叠程度强；花梗长3～6cm；花径14～17cm；花瓣长7～9cm，宽7～9.5cm，倒卵形，无缺刻，褶皱程度中等；有花心眼，心眼区中等，扩散中等，在春秋季，花心眼区主色玫红色，花瓣内表面主色橙红色，有黄色斑点；花柱长6～7.5cm，柱头橙色；花萼筒钟形，萼片三角形；小苞片披针形。

170. 朱颜（*H. rosa-sinensis* 'Zhu Yan'）

父本：红羽　　　　母本：紫韵红莲

　　株型半直立，长势中等。枝密度中等，当年生枝条近褐色或近绿色。叶柄长1～3cm，绿色；叶片深绿色，无复色，长6～8cm，宽6～9cm，长宽比小，裂刻极浅，皱缩程度强，叶缘锯齿疏，叶尖钝尖，叶基心形。花单生于上部叶腋间，单瓣花，外层花瓣平展，花瓣之间重叠程度强；花梗长2～4cm；花径16～19cm；花瓣长5～9cm，宽7～9cm，倒卵形，无缺刻，褶皱程度中等；有花心眼，心眼区大，扩散中等，在春秋季，花心眼区主色深红色，花瓣内表面主色红色，次色粉色，分布于花瓣先端；花柱长5.5～7cm，柱头黄色；花萼筒钟形，萼片三角形；小苞片披针形。

171. 夜曲（*H. rosa-sinensis* 'Nocturne'）

父本：邕红　　　　母本：紫韵红莲

　　株型开展，长势弱枝密度疏，当年生枝条近绿色。叶柄长2～4cm，绿色；叶片中绿色，无复色，长6～9cm，宽5～8cm，长宽比中等，裂刻无或极浅，皱缩程度弱，叶缘锯齿疏，叶尖钝尖，叶基圆形。花单生于上部叶腋间，单瓣花，外层花瓣平展，花瓣之间重叠程度强；花梗长2～6cm；花径14～17cm；花瓣长7～9cm，宽7～9cm，倒卵形，无缺刻，褶皱程度微弱；有花心眼，心眼区大，扩散短，在春秋季，花心眼区主色灰紫色，花瓣内表面主色黄色，次色灰紫色，分布于花瓣下部；花柱长5～7cm，柱头橙色；花萼筒钟形，萼片三角形；小苞片披针形。

172. 美丽传说（*H. rosa-sinensis* 'Baroque Wedding'）

父本：巧克力蛋糕　　　　母本：邕红

　　株型开展，长势中等。枝密度中等，当年生枝条近绿色。叶柄长1～3cm，绿色或褐色；叶片中绿色，无复色，长4～7cm，宽4～6.5cm，长宽比中等，裂刻极浅，皱缩程度弱，叶缘锯齿中等，叶尖尖，叶基圆形。花单生于上部叶腋间，单瓣花，外层花瓣平展，花瓣之间重叠程度中等；花梗长2～4cm；花径9～12cm；花瓣长4～6cm，宽4～5.5cm，倒卵形，无缺刻，褶皱程度弱；有花心眼，心眼区大，扩散短，在春秋季，花心眼区主色暗红色，花瓣内表面主色红色，次色黄色，呈斑块状遍布于花瓣内表面；花柱长5.5～7cm，柱头橙色；花萼筒钟形，萼片三角形；小苞片披针形。

173. 幻想（*H. rosa-sinensis* 'Fantasy'）

父本：邕韵　　　　母本：湿婆

　　株型开展，长势中等。枝密度中等，当年生枝条近绿色或近紫色。叶柄长3～8cm，绿色或紫色；叶片中绿色，无复色，长6～10cm，宽6.5～10.5cm，长宽比小，裂刻无或极浅，皱缩程度弱，叶缘锯齿疏，叶尖钝尖，叶基楔形。花单生于上部叶腋间，单瓣花，外层花瓣平展，花瓣之间重叠程度强；花梗长3～5cm；花径13～16.5cm；花瓣长6～9cm，宽8～10cm，阔倒卵形，无缺刻，褶皱程度弱；有花心眼，心眼区中等，无扩散，在春秋季，花心眼区主色红色，花瓣内表面主色橘红色，次色棕色，遍布于花瓣表面；花柱长4.5～6cm，柱头橙色；花萼筒钟形，萼片三角形；小苞片披针形。

174. 蜜焰（*H. rosa-sinensis* 'Mi Yan'）

父本：邕韵　　　　母本：湿婆

　　株型半下垂，长势中等。枝密度中等，当年生枝条近绿色或近褐色。叶柄长3～6cm，褐色；叶片中绿色，无复色，长6～9cm，宽6～9cm，长宽比小，裂刻极浅，皱缩程度中等，叶缘锯齿密，叶尖圆形，叶基楔形。花单生于上部叶腋间，单瓣花，外层花瓣平展，花瓣之间重叠程度强；花梗长1～4cm；花径12～14cm；花瓣长6～8cm，宽6～8cm，倒卵形，无缺刻，褶皱程度微弱；有花心眼，心眼区中等，扩散很短，在春秋季，花心眼区主色暗红色，花瓣内表面主色橘黄色，次色灰棕色，遍布于花瓣内表面；花柱长6～8cm，柱头橙色；花萼筒钟形，萼片三角形；小苞片披针形。

175. 心舞（*H. rosa-sinensis* 'Xin Wu'）

父本：巧克力蛋糕　　　　母本：飘雪之恋

　　株型半下垂，长势中等。枝密度中等，当年生枝条近褐色。叶柄长2~4cm，褐色；叶片浅绿色，无复色，长6~8cm，宽6~8cm，长宽比小，裂刻无或极浅，皱缩程度强，叶缘锯齿中等，叶尖钝尖，叶基心形。花单生于上部叶腋间，单瓣花，外层花瓣平展，花瓣之间重叠程度强；花梗长1~4cm；花径16~18cm；花瓣长8~10cm，宽8~10cm，倒卵形，无缺刻，褶皱程度强；有花心眼，心眼区中等，扩散短，在春秋季，花心眼区主色暗红色，花瓣内表面主色红色，次色黄色，呈斑点状遍布于花瓣内表面；花柱长6~7cm，柱头橙色；花萼筒钟形，萼片三角形；小苞片披针形。

176. 夏日时光（*H. rosa-sinensis* 'Summertime'）

父本：湿婆　　　　**母本：橘色恋曲**

　　株型直立，长势中等。枝密度中等，当年生枝条近绿色。叶柄长1～3cm，绿色；叶片中绿色，无复色，长6～9cm，宽5～8cm，长宽比小，裂刻极浅，皱缩程度弱，叶缘锯齿疏，叶尖钝尖，叶基楔形。花单生于上部叶腋间，单瓣花，外层花瓣平展，花瓣之间重叠程度强；花梗长3～5cm；花径11～13cm；花瓣长6～8cm，宽6～9cm，倒卵形，无缺刻，褶皱程度弱；有花心眼，心眼区中等，扩散短，在春秋季，花心眼区主色暗红色，扩散粉色，花瓣内表面主色橙黄色，次色橙色，分布于花瓣先端；花柱长4～7cm，柱头橙色；花萼筒钟形，萼片三角形；小苞片披针形。

177. 瀛韵花语（*H. rosa-sinensis* 'Ying Yun Hua Yu'）

父本：湿婆　　　母本：橘色恋曲

株型半直立，长势中等。枝密度中等，当年生枝条近绿色。叶柄长4～8cm，绿色；叶片中绿色，无复色，长6～9cm，宽7～11cm，长宽比小，裂刻极浅，皱缩程度弱，叶缘锯齿中等，叶尖圆形，叶基楔形。花单生于上部叶腋间，单瓣花，外层花瓣平展，花瓣之间重叠程度中等；花梗长3～5cm；花径15～18cm；花瓣长7～9cm，宽7～9cm，倒卵形，无缺刻，褶皱程度弱；有花心眼，心眼区中等，无扩散，在春秋季，花心眼区主色暗红色，花瓣内表面主色橙色，有黄色斑块；花柱长6～8cm，柱头橙黄色；花萼筒钟形，萼片三角形；小苞片披针形。

178. 舞曲（*H. rosa-sinensis* 'Dance Music'）

父本：加勒比燃烧的心 　　　　**母本**：湿婆

　　株型半下垂，长势中等。枝密度中等，当年生枝条近紫色。叶柄长2.5～4.5cm，绿色；叶片中绿色，无复色，长4.5～7.5cm，宽4.5～7cm，长宽比小，无裂刻，皱缩程度中等，叶缘锯齿疏，叶尖圆形，叶基楔形。花单生于上部叶腋间，单瓣花，外层花瓣平展，花瓣之间重叠程度强；花梗长3.5～6.5cm；花径14～17cm；花瓣长7～9cm，宽7～9.5cm，倒卵形，无缺刻，褶皱程度中等；有花心眼，心眼区中等，无扩散，在春秋季，花心眼区主色暗红色，花瓣内表面主色黄绿色，次色灰粉色，分布于花瓣下部；花柱长5.5～6.5cm，柱头橙色；花萼筒钟形，萼片三角形；小苞片披针形。

179. 萍蓬（*H. rosa-sinensis* 'Ping Peng'）

父本：邕韵　　　　母本：湿婆

　　株型半下垂，长势强。枝密度中等，当年生枝条近绿色。叶柄长2～5cm，绿色；叶片中绿色，无复色，长5～7.5cm，宽5～7.5cm，长宽比小，无裂刻，皱缩程度弱，叶缘锯齿疏，叶尖钝尖，叶基楔形。花单生于上部叶腋间，单瓣花，外层花瓣平展，花瓣之间重叠程度强；花梗长2～4.5cm；花径12～14.5cm；花瓣长6～8cm，宽6～8cm，倒卵形，无缺刻，褶皱程度弱；有花心眼，心眼区中等，扩散很短，在春秋季，花心眼区主色暗红色，花瓣内表面主色棕色，次色橘色，分布于花瓣先端，花脉粉色；花柱长5～7cm，柱头橙色；花萼筒钟形，萼片三角形；小苞片披针形。

180. 凤瑶（*H. rosa-sinensis* 'Feng Yao'）

父本：红羽　　　　　母本：紫韵红莲

　　株型半下垂，长势中等。枝密度中等，当年生枝条近绿色。叶柄长 2～4cm，绿色；叶片中绿色，无复色，长 6～9cm，宽 6～9cm，长宽比小，裂刻无或极浅，皱缩程度中等，叶缘锯齿密，叶尖钝尖，叶基心形。花单生于上部叶腋间，单瓣花，花柱偶瓣化，外层花瓣平展，花瓣之间重叠程度中等；花梗长 3～6cm；花径 13～17cm；花瓣长 7～9cm，宽 6～8cm，倒卵形，无缺刻，褶皱程度中等；无花心眼，在春秋季，花瓣内表面主色红色，次色浅粉色，分布于花瓣先端；花柱长 4～7cm，柱头橙色；花萼筒钟形，萼片长三角形；小苞片披针形。

181. 朱雀梦（*H. rosa-sinensis* 'Rosefinch's Dream'）

父本：邕韵　　　母本：邕红

　　株型半下垂，长势中等。枝密度疏，当年生枝条近紫色。叶柄长2～4cm，紫色；叶片中绿色，无复色，长5～7cm，宽6～8cm，长宽比小，裂刻无或极浅，皱缩程度强，叶缘锯齿疏，叶尖圆形，叶基楔形。花单生于上部叶腋间，单瓣花，外层花瓣反卷，花瓣之间重叠程度强；花梗长3～5cm，花径11～13cm；花瓣长5～7cm，宽6～8cm，倒卵形，无缺刻，褶皱程度中等；有花心眼，心眼区大，扩散短，在春秋季，花心眼区主色暗红色，花瓣内表面主色红色，次色黄色，分布于花瓣先端；花柱长4～6cm，柱头橙色；花萼筒钟形，萼片三角形；小苞片披针形。

182. 阿依莫（*H. rosa-sinensis* 'Aimo'）

父本：月夜彩虹　　　　母本：柠檬红茶

　　株型开展，长势中等。枝密度中等，当年生枝条近绿色。叶柄长1～3cm，绿色；叶片中绿色，无复色，长6～8cm，宽5～9cm，长宽比小，裂刻无或极浅，皱缩程度弱，叶缘锯齿中等，叶尖钝尖，叶基心形。花单生于上部叶腋间，单瓣花，外层花瓣平展，花瓣之间重叠程度强；花梗长2～4cm；花径10～13cm；花瓣长6～8cm，宽6～8cm，倒卵形，无缺刻，褶皱程度弱；有花心眼，心眼区中等，扩散中等，在春秋季，花心眼区主色白色，扩散紫粉色，花瓣内表面主色橙色，次色黄色，呈斑块状遍布于花瓣内表面；花柱长4～6cm，柱头橙色；花萼筒钟形，萼片三角形；小苞片披针形。

183. 双妍（*H. rosa-sinensis* 'Shuang Yan'）

父本：月夜彩虹　　　　母本：柠檬红茶

　　株型半直立，长势强。枝密度中等，当年生枝条近绿色。叶柄长2～4cm，绿色；叶片中绿色，无复色，长6～8cm，宽6～8cm，长宽比小，裂刻无或极浅，皱缩程度中等，叶缘锯齿中等，叶尖钝尖，叶基心形。花单生于上部叶腋间，单瓣花，外层花瓣反卷，花瓣之间重叠程度强；花梗长3～5cm；花径11～13cm；花瓣长6～8cm，宽6～8cm，倒卵形，无缺刻，褶皱程度弱；有花心眼，心眼区小，扩散小，在春秋季，花心眼区主色深红色，花瓣内表面主色红色，次色黄色，主次色各分布于花瓣的一侧；花柱长5～6cm，柱头红色；花萼筒钟形，萼片三角形；小苞片披针形。

184. 云雨（*H. rosa-sinensis* 'Yun Yu'）

父本： 月夜彩虹　　　　　**母本：** 柠檬红茶

　　株型直立，长势强。枝密度密，当年生枝条近绿色。叶柄长1～4cm，绿色；叶片中绿色，无复色，长5～8cm，宽5～9cm，长宽比小，裂刻无或极浅，皱缩程度弱，叶缘锯齿中等，叶尖钝尖，叶基楔形。花单生于上部叶腋间，单瓣花，外层花瓣平展，花瓣之间重叠程度强；花梗长2～4cm；花径12～15cm；花瓣长6～8cm，宽6～9cm，阔倒卵形，无缺刻，褶皱程度弱；有花心眼，心眼区中等，扩散中等，在春秋季，花心眼主色白色，扩散粉色，花瓣内表面主色橙色；花柱长5～7cm，柱头橙色；花萼筒钟形，萼片三角形；小苞片披针形。

185. 雪染红颜（*H. rosa-sinensis* 'Xue Ran Hong Yan'）

父本：紫桑　　　母本：粉凝

　　株型半直立，长势强。枝密度中等，当年生枝条近绿色。叶柄长2～4cm，绿色；叶片中绿色，无复色，长5～7cm，宽4～6cm，长宽比小，裂刻极浅，皱缩程度中等，叶缘锯齿疏，叶尖钝尖，叶基圆形。花单生于上部叶腋间，单瓣花，外层花瓣反卷，花瓣之间重叠程度中等；花梗长3～5cm；花径11～13cm；花瓣长5～7cm，宽5～7cm，倒卵形，无缺刻，褶皱程度微弱；有花心眼，心眼区大，扩散长。在春秋季，花心眼区主色紫红色，花瓣内表面主色白色，无次色；花柱长5～7cm，柱头橙色；花萼筒钟形，萼片三角形；小苞片披针形。

186. 绚沙（*H. rosa-sinensis* 'Huan Sha'）

父本：绯衣　　　　**母本：烈火之歌**

　　株型直立，长势强。枝密度密，当年生枝条近绿色。叶柄长1～4cm，绿色；叶片中绿色，无复色，长4.5～7cm，宽5～7.5cm，长宽比小，裂刻无或极浅，皱缩程度中等，叶缘锯齿中等，叶尖钝尖，叶基心形。花单生于上部叶腋间，单瓣花，外层花瓣平展，花瓣之间重叠程度强；花梗长2～4.5cm；花径11～15cm；花瓣长6～7.5cm，宽6～8.5cm，阔倒卵形，无缺刻，褶皱程度弱；有花心眼，心眼区小，扩散中等，在春秋季，花心眼区主色红色，花瓣内表面主色深粉色，次色粉色，分布于花瓣先端；花柱长4.5～7cm，柱头橙色；花萼筒钟形，萼片三角形；小苞片披针形。

187. 蕾恋（*H. rosa-sinensis* 'Lei Lian'）

父本：84-12　　　　　母本：火锦

　　株型直立，长势强。枝密度中等，当年生枝条近紫色。叶柄长4～7cm，紫色；叶片中绿色，无复色，长8～11cm，宽7～10cm，长宽比小，裂刻无或极浅，皱缩程度弱，叶缘锯齿疏，叶尖钝尖，叶基楔形。花单生于上部叶腋间，单瓣花，外层花瓣平展，花瓣之间重叠程度强；花梗长4～6cm；花径13～17cm；花瓣长7～9cm，宽7～9cm，倒卵形，无缺刻，褶皱程度弱；有花心眼，心眼区中等，扩散无或很短，在春秋季，花心眼区主色暗红色，花瓣内表面主色深粉色，次色粉白色，分布于花瓣下部；花柱长5～7cm，柱头橙色；花萼筒钟形，萼片三角形；小苞片披针形。

188. 舞姬（*H. rosa-sinensis* 'Dancer'）

父本：粉裙　　　　母本：粉凝

　　株型半下垂，长势中等。枝密度中等，当年生枝条近绿色。叶柄长0.5～2cm，绿色；叶片中绿色，无复色，长4～6cm，宽4～6cm，长宽比小，裂刻无或极浅，皱缩程度中等，叶缘锯齿疏，叶尖圆形，叶基楔形。花单生于上部叶腋间，单瓣花，外层花瓣反卷，花瓣之间重叠程度强；花梗长1.5～3cm；花径11～13cm；花瓣长5～7cm，宽6～8cm，倒卵形，无缺刻，褶皱程度微弱；有花心眼，心眼区大，扩散中等，在春秋季，花心眼区主色紫粉色，扩散有粉白斑点，花瓣内表面主色橘色，次色黄色，遍布于花瓣内表面；花柱长5～7cm，柱头红色；花萼筒钟形，萼片三角形；小苞片披针形。

189. 云绯（*H. rosa-sinensis* 'Yun Fei'）

父本：柠檬生活　　　母本：甜蜜恋曲

　　株型半直立，长势中等。枝密度中等，当年生枝条近绿。叶柄长1~3cm，绿色；叶片中绿色，无复色，长5~7cm，宽2~6cm，长宽比小，裂刻无或极浅，皱缩程度弱，叶缘锯齿中等，叶尖钝尖，叶基圆形。花单生于上部叶腋间，单瓣花，外层花瓣平展，花瓣之间重叠程度中等；花梗长1~3cm；花径13~17cm；花瓣长6~10cm，宽6~9cm，倒卵形，无缺刻，褶皱程度中等；有花心眼，心眼区中等，扩散长，在春秋季，花心眼区主色深红色，花瓣内表面主色白色，无次色；花柱长7~9cm，柱头红色；花萼筒钟形，萼片长三角形；小苞片披针形。

190. 边曲（*H. rosa-sinensis* 'Bian Qu'）

父本：F03　　　　母本：美人花语

　　株型半直立，长势中等。枝密度中等，当年生枝条近绿色。叶柄长1～3cm，绿色；叶片中绿色，无复色，长4～6cm，宽4～6cm，长宽比小，裂刻无或极浅，皱缩程度中等，叶缘锯齿疏，叶尖钝尖，叶基圆形。花单生于上部叶腋间，单瓣花，外层花瓣平展，花瓣之间重叠程度中等；花梗长2～4cm；花径11～16cm；花瓣长6～8cm，宽6～8cm，倒卵形，无缺刻，褶皱程度微弱；有花心眼，心眼区中等，扩散长，在春秋季，花心眼区主色深红色，花瓣内表面主色红色，次色粉色，分布于花瓣先端。花柱长5～7cm，柱头橙色；花萼筒钟形，萼片三角形；小苞片披针形。

191. 魅紫（*H. rosa-sinensis* 'Mei Zi'）

父本：海洋之心　　　　**母本：紫霞仙子**

　　株型半下垂，长势中等。枝密度中等，当年生枝条近绿色。叶柄长3～4.5cm，绿色；叶片中绿色，无复色，长8.5～9cm，宽8～9cm，长宽比小，裂刻无或极浅，皱缩程度强，叶缘锯齿疏，叶尖钝尖，叶基楔形。花单生于上部叶腋间，单瓣花，外层花瓣平展，花瓣之间重叠程度强；花梗长3.5～5.5cm；花径11～12cm；花瓣长6～7cm，宽6～7cm，倒卵形，缺刻无或很弱，褶皱程度中等；有花心眼，心眼区小，无扩散，在春秋季，花心眼区主色暗红色，花瓣内表面主色深紫色，次色浅紫色，分布于花瓣先端。花柱长4～5cm，柱头橙色；花萼筒钟形，萼片三角形；小苞片披针形。

192. 红吟（*H. rosa-sinensis* 'Hong Yin'）

父本：紫韵红莲　　　　母本：未知

　　株型半直立，长势中等。枝密度疏，当年生枝条近绿色。叶柄长1～2cm，绿色；叶片中绿色，无复色，长4.5～5cm，宽4～6cm，长宽比小，裂刻无或极浅，皱缩程度弱，叶缘锯齿疏，叶尖尖，叶基心形。花单生于上部叶腋间，单瓣花，外层花瓣平展，花瓣之间重叠程度弱；花梗长1.5～2cm；花径12.5～13.5cm；花瓣长7～7.5cm，宽4.5～5cm，阔倒卵形，缺刻无或很弱，褶皱程度弱；有花心眼，心眼区中等，无扩散，在春秋季，花心眼区主色红色，花瓣内表面主色紫色，次色深粉色，分布于花瓣先端；花柱长6～7cm，柱头橙色；花萼筒钟形，萼片三角形；小苞片披针形。

193. 心映雪妃（*H. rosa-sinensis* 'Xin Ying Xue Fei'）

父本：柠檬红茶　　　　母本：黄蝶

　　株型半下垂，长势弱。枝密度中等，当年生枝条近绿色。叶柄长1～3cm，绿色；叶片中绿色，无复色，长5～7cm，宽4～6cm，长宽比小，裂刻无或极浅，皱缩程度弱，叶缘锯齿疏，叶尖钝尖，叶基圆形。花单生于上部叶腋间，单瓣花，外层花瓣平展，花瓣之间重叠程度强；花梗长2～3.5cm；花径14.5～17cm；花瓣长8～10cm，宽7.5～9.5cm，倒卵形，无缺刻，褶皱程度弱；有花心眼，心眼区中等，扩散中等，在春秋季，花心眼区主色紫粉色，花瓣内表面主色黄绿色，次色灰绿色，分布于花瓣下部；花柱长6.5～8cm，柱头红色；花萼筒钟形，萼片三角形；小苞片披针形。

194. 边雨（*H. rosa-sinensis* 'Bian Yu'）

父本：柠檬红茶　　　　母本：黄蝶

　　株型半下垂，长势中等。枝密度中等，当年生枝条近褐色或近绿色。叶柄长1～3cm，褐色或绿色；叶片中绿色，无复色，长5～7cm，宽4～7cm，长宽比小，裂刻无或极浅，皱缩程度中等，叶缘锯齿疏，叶尖钝尖，叶基楔形。花单生于上部叶腋间，单瓣花，外层花瓣平展，花瓣之间重叠程度强；花梗长2～4cm；花径12～15cm；花瓣长7～9cm，宽6～8cm，倒卵形，无缺刻，褶皱程度弱；有花心眼，心眼区大，扩散小，在春秋季，花心眼区主色红色，花瓣内表面主色灰棕色，次色橘黄色，分布于花瓣先端；花柱长7～8cm，柱头橙色；花萼筒钟形，萼片三角形；小苞片披针形。

195. 丹雪（*H. rosa-sinensis* 'Dan Xue'）

父本：邕粉佳丽　　　　母本：白玉蝴蝶

　　株型半下垂，长势弱。枝密度中等，当年生枝条近绿色。叶柄长1～3cm，绿色；叶片中绿色，无复色，长4～6cm，宽4～6cm，长宽比小，裂刻无或极浅，皱缩程度中等，叶缘锯齿中等，叶尖钝尖，叶基心形。花单生于上部叶腋间，单瓣花，外层花瓣平展，花瓣之间重叠程度强；花梗长2～4cm；花径8～12cm；花瓣长4～6cm，宽4～7cm，倒卵形，缺刻很弱，无褶皱；有花心眼，心眼区中等，无扩散，在春秋季，花心眼区主色暗红色，花瓣内表面主色白绿色，无次色；花柱长5～8cm，柱头黄色；花萼筒钟形，萼片三角形；小苞片披针形。

196. 红尘 (*H. rosa-sinensis* 'Hong Chen')

父本：橘色恋曲　　　　母本：骐乐

　　株型半直立，长势强。枝密度中等，当年生枝条近绿色。叶柄长2~4cm，褐色；叶片中绿色，无复色，长6~8cm，宽5~8cm，长宽比小，裂刻极浅，皱缩程度中等，叶缘锯齿中等，叶尖钝尖，叶基圆形。花单生于上部叶腋间，单瓣花，外层花瓣平展，花瓣之间重叠程度强；花梗长3~5cm；花径13~15cm；花瓣长6~9cm，宽6~9cm，倒卵形，无缺刻，褶皱程度中等；有花心眼，心眼区大，扩散大，在春秋季，花心眼区主色红色，扩散橘红色，花瓣内表面主色红色，次色橘黄色，分布于花瓣先端；花柱长5~7cm，柱头橙色；花萼筒钟形，萼片三角形；小苞片披针形。

197. 心韵（*H. rosa-sinensis* 'Xin Yun'）

父本：湿婆　　　　母本：穆清

　　株型直立，长势弱枝密度疏，当年生枝条近绿色。叶柄长1～3cm，绿色；叶片中绿色，无复色，长4～7cm，宽4～7cm，长宽比小，裂刻无或极浅，皱缩程度强，叶缘锯齿疏，叶尖钝尖，叶基楔形。花单生于上部叶腋间，单瓣花，外层花瓣平展，花瓣之间重叠程度中等；花梗长2～3.5cm；花径15～17cm；花瓣长7～9cm，宽7.5～10cm，倒卵形，无缺刻，褶皱程度中等；有花心眼，心眼区大，扩散中等，在春秋季，花心眼区主色暗红色，花瓣内表面主色棕色，次色浅紫色，分布于花瓣下部；花柱长4～5cm，柱头红色；花萼筒钟形，萼片三角形；小苞片披针形。

198. 宝石（*H. rosa-sinensis* 'Gemstone'）

父本：湿婆　　　母本：樱花皇后

　　株型半直立，长势强。枝密度疏，当年生枝条近绿色。叶柄长2～4cm，绿色；叶片深绿色，无复色，长6～9cm，宽6～9cm，长宽比小，裂刻无或极浅，皱缩程度弱，叶缘锯齿疏，叶尖钝尖，叶基圆形。花单生于上部叶腋间，单瓣花，外层花瓣平展，花瓣之间重叠程度强；花梗长4～6cm；花径14～17cm；花瓣长7～10cm，宽8～11cm，倒卵形，无缺刻，褶皱程度弱；有花心眼，心眼区大，扩散中等，在春秋季，花心眼区主色暗红色，扩散红色，花瓣内表面主色紫色，次色粉色，分布于花瓣先端；花柱长5～7cm，柱头橙色；花萼筒钟形，萼片三角形；小苞片披针形。

199. 蝶舞（*H. rosa-sinensis* 'Butterfly Dance'）

父本：甜蜜恋曲　　　　母本：邕红

　　株型直立，长势弱。枝密度疏，当年生枝条近褐色。叶柄长2～4cm，褐色；叶片浅绿色，无复色，长6～8cm，宽4～7cm，长宽比小，裂刻无或极浅，皱缩程度弱，叶缘锯齿疏，叶尖尖，叶基圆形，叶片主色为叶片。花单生于上部叶腋间，单瓣花，外层花瓣平展，花瓣之间重叠程度强；花梗长1.5～3cm；花径12～14cm；花瓣长6～8cm，宽6～8cm，倒卵形，无缺刻，褶皱程度弱；有花心眼，心眼区小，扩散无或很短，在春秋季，花心眼区主色紫粉色，花瓣内表面主色粉色，次色深粉色，分布于花瓣先端；花柱长7～8cm，柱头橙色；花萼筒钟形，萼片长三角形；小苞片披针形。

200. 清风（*H. rosa-sinensis* 'Cool Breeze'）

父本：绮丽　　　　**母本：空中花园**

　　株型半下垂，长势强。枝密度疏，当年生枝条近绿色。叶柄长度3～6cm，绿色；叶片中绿色，无复色，长7～11cm，宽6～10cm，长宽比小裂刻无或极浅，皱缩程度中等，叶缘锯齿中等，叶尖钝尖，叶基楔形。花单生于上部叶腋间，单瓣花，外层花瓣反卷或平展，花瓣之间重叠程度弱；花梗长3～5cm；花径16～20cm；花瓣长9～11cm，宽9～11cm，倒卵形，无缺刻，褶皱程度微弱；有花心眼，心眼区中等，扩散无或很短，在春秋季，花心眼区主色暗红色，花瓣内表面主色黄棕色，次色浅紫色，分布于花瓣下部；花柱长6～8cm，柱头橙黄色；花萼筒钟形，萼片长三角形；小苞片披针形。

201. 情思（*H. rosa-sinensis* 'Qing Si'）

父本：紫韵红莲　　　母本：绮丽

　　株型半直立，长势弱。枝密度中等，当年生枝条近绿色。叶柄长1～1.5cm，绿色；叶片深绿色，无复色，长3～4cm，宽3～3.5cm，长宽比小，裂刻无或极浅，皱缩程度弱，叶缘锯齿疏，叶尖钝尖，叶基圆形或心形。花单生于上部叶腋间，单瓣花，外层花瓣反卷或平展，花瓣之间重叠程度中等；花梗长3～33.5cm；花径17.5～18.5cm；花瓣长9～10cm，宽7.5～8.5cm，倒卵形，缺刻无或很弱，褶皱程度无或微弱；有花心眼，心眼区中等，无扩散，在春秋季，花心眼区主色暗红色，花瓣内表面主色灰紫色，次色橘黄色，分布于花瓣先端；花柱长7～9cm，柱头橙色；花萼筒钟形，萼片三角形；小苞片披针形。

202. 秋月（*H. rosa-sinensis* 'Autumn Moon'）

父本：紫韵红莲　　母本：湿婆

　　株型直立，长势弱。枝密度中等，当年生枝条近褐色。叶柄长2～4cm，绿色；叶片中绿色，无复色，长4～7cm，宽4～7cm，长宽比小，裂刻无或极浅，皱缩程度弱，叶缘锯齿疏，叶尖钝尖，叶基圆形。花单生于上部叶腋间，单瓣花，外层花瓣反卷，花瓣之间重叠程度强；花梗长3～5cm；花径11～13cm；花瓣长5～7cm，宽6～8cm，倒卵形，无缺刻，褶皱程度强；有花心眼，心眼区中等，无扩散。在春秋季，花心眼区主色暗红色，花瓣内表面主色灰棕色，次色黄棕色，分布于花瓣先端；花柱长4～6cm，柱头橙色；花萼筒钟形，萼片三角形；小苞片披针形。

203. 冥王星（*H. rosa-sinensis* 'Pluto'）

父本：邕红　　　　母本：大溪地王子

　　株型半下垂，长势弱。枝密度疏，当年生枝条近绿色或近紫色。叶柄长1～3.5m，绿色或紫色；叶片深绿色，无复色，长4～7cm，宽4～7cm，长宽比小，裂刻无或极浅，皱缩程度弱，叶缘锯齿疏，叶尖钝尖，叶基圆形。花单生于上部叶腋间，单瓣花，外层花瓣平展，花瓣之间重叠程度强；花梗长2～4cm；花径11.5～13cm；花瓣长6～8cm，宽7～9cm，倒卵形，无缺刻，褶皱程度中等；有花心眼，心眼区大，扩散长，在春秋季，花心眼区主色暗红色，花瓣内表面主色灰紫色，次色黄色，分布于花瓣先端，花脉黄白色；花柱长5～7cm，柱头红色；花萼筒钟形，萼片三角形；小苞片披针形。

204. 幽韵（*H. rosa-sinensis* 'You Yun'）

父本：加勒比燃烧的心　　　　母本：邕红

　　株型半下垂，长势弱。枝密度中等，当年生枝条近紫色。叶柄长1～4cm，紫色；叶片中绿色，无复色，长6～9cm，宽4～9cm，长宽比小，裂刻无或极浅，皱缩程度中等，叶缘锯齿密，叶尖钝尖，叶基圆形。花单生于上部叶腋间，单瓣花，外层花瓣反卷或平展，花瓣之间重叠程度强；花梗长1～3cm；花径14～17cm；花瓣长7～9cm，宽7～10cm，倒卵形，无缺刻，褶皱程度中等；有花心眼，心眼区大，扩散短，在春秋季，花心眼区主色暗红色，花瓣内表面主色灰棕色，次色橘红色，分布于花瓣先端；花柱长5～7cm，柱头橙色；花萼筒钟形，萼片三角形；小苞片披针形。

205. 朱琴（*H. rosa-sinensis* 'Zhu Qin'）

父本：湿婆　　　母本：红羽

　　株型半直立，长势中等。枝密度中等，当年生枝条近褐色。叶柄长2～4cm，绿色或褐色；叶片中绿色，无复色，长11～14cm，宽9.5～12cm，长宽比小，裂刻极浅，皱缩中等，叶缘锯齿疏，叶尖尖，叶基心形。花单生于上部叶腋间，单瓣花，外层花瓣平展，花瓣之间重叠程度中等；花梗长8～10cm；花径17～20cm；花瓣长8～11cm，宽8～11cm，阔倒卵形，无缺刻，褶皱程度中等；有花心眼，心眼区小，扩散中等，在春秋季，花心眼区主色暗红色，花瓣内表面主色红色；花柱长6～9cm，柱头红色；花萼筒钟形，萼片长三角形；小苞片披针形。

206. 红歌（*H. rosa-sinensis* 'Red Song'）

父本：湿婆　　　　母本：红羽

　　株型半直立，长势强。枝密度中等，当年生枝条近绿色。叶柄长 2～4cm，绿色；叶片中绿色，无复色，长 10～12cm，宽 9～12cm，长宽比小，裂刻极浅，皱缩中等，叶缘锯齿疏，叶尖钝尖，叶基圆形。花单生于上部叶腋间，单瓣花，外层花瓣平展，花瓣之间重叠程度中等；花梗长 8～10cm；花径 17～19cm；花瓣长 8～11cm，宽 8～11cm，阔倒卵形，无缺刻，褶皱程度微弱；有花心眼，心眼区小，扩散中等，在春秋季，花心眼区主色粉色，花瓣内表面主色橘红色，次色红色，分布于花瓣先端，花脉黄白色；花柱长 6～8cm，柱头橘红色；花萼筒碗形，萼片长三角形；小苞片披针形。

207. 梦蕊（*H. rosa-sinensis* 'Meng Rui'）

父本：未知　　　　母本：斑斓

　　株型直立，长势中等。枝密度疏，当年生枝条近褐色。叶柄长2~4cm，褐色；叶片中绿色，无复色，长4~7cm，宽5~7cm，长宽比小，裂刻浅，皱缩程度中等，叶缘锯齿中等，叶尖尖，叶基圆形。花单生于上部叶腋间，半重瓣花，瓣化花数量少，外层花瓣斜展；花梗长3~5cm；花径11~14cm；花瓣长6~8cm，宽4~6cm，窄倒卵形，无缺刻，褶皱程度弱；有花心眼，心眼区中等，无扩散，在春秋季，花心眼区主色红色，花瓣内表面主色玫红色，无次色；柱头红色，花萼筒碗形，萼片三角形；小苞片披针形。

208. 晓霞（*H. rosa-sinensis* 'Xiao Xia'）

父本：紫姬　　　　　母本：红羽

　　株型半直立，长势中等。枝密度中等，当年生枝条近绿色。叶柄长2～5cm，绿色；叶片中绿色，无复色，长7～12cm，宽6～10cm，长宽比小，裂刻浅，皱缩程度中等，叶缘锯齿中等，叶尖尖，叶基心形。花单生于上部叶腋间，重瓣花，外层花瓣平展，瓣化花数量多；花梗长4～5cm；花径10～14cm；花瓣长4～9cm，宽3～7cm，倒卵形，无缺刻，褶皱程度弱；无花心眼，在春秋季，花瓣内表面主色红色，无次色；花萼筒碗形，萼片三角形；小苞片披针形。

209. 粉羽 (*H. rosa-sinensis* 'Pink Plumes')

父本：紫牡丹　　　　母本：柠檬红茶

　　株型半下垂，长势中等。枝密度密，当年生枝条近褐色。叶柄长 3～5cm，绿色或褐色；叶片深绿色，无复色，长 8～10cm，宽 6～9cm，长宽比小，裂刻浅，皱缩程度弱，叶缘锯齿中等，叶尖尖，叶基圆形。花单生于上部叶腋间，重瓣花，外层花瓣平展，瓣化花数量多；花梗长 4～5cm；花径 12～14cm；花瓣长 4～8cm，宽 2～7cm，倒卵形，无缺刻，褶皱程度中等；有花心眼，心眼区小，无扩散，在春秋季，花心眼区主色红色，花瓣内表面主色浅粉色，次色粉色，分布于花瓣先端；柱头橙红色；花萼筒碗形，萼片三角形；小苞片披针形。

210. 芳蕾 (*H. rosa-sinensis* 'Fang Lei')

父本：紫牡丹　　　　母本：柠檬红茶

株型直立，长势强。枝密度中等，当年生枝条近绿色。叶柄长3~5cm，绿色；叶片深绿色，无复色，长7~10cm，宽6~9cm，长宽比小，叶片裂刻浅，皱缩程度中等，叶缘锯齿疏，叶尖钝尖，叶基心形或圆形。花单生于上部叶腋间，重瓣花，外层花瓣平展，瓣化花数量多；花梗长4~5cm；花径9~13cm；花瓣长4~8cm，宽2~7cm，倒卵形，无缺刻，褶皱程度弱；无花心眼，在春秋季，花瓣内表面主色橙色，无次色；花萼筒碗形，萼片三角形；小苞片披针形。

211. 琉华（*H. rosa-sinensis* 'Liu Hua'）

父本：紫牡丹　　　　母本：柠檬红茶

　　株型开展，长势弱。枝密度疏，当年生枝条近绿色或近褐色。叶柄长2～4cm，绿色或褐色；叶片浅绿色，无复色，长5～8cm，宽4～7cm，长宽比小，裂刻浅，皱缩程度中等，叶缘锯齿中等，叶尖钝尖，叶基心形。花单生于上部叶腋间，重瓣花，外层花瓣平展，瓣化花数量多；花梗长2～4cm；花径12～14cm；花瓣长5～8cm，宽2～7cm，窄倒卵形，无缺刻，褶皱程度微弱；有花心眼，心眼区小，无扩散，在春秋季，花心眼区主色红色，花瓣内表面主色黄色，次色橙红色，分布于花瓣先端；花萼筒碗形，萼片三角形；小苞片披针形。

第四章

朱槿繁殖及栽培管理

在《花史左编》（明·王路）花之候中"寒暑、朝暮、春秋、年月、日时，各有纪律。"对木槿花的描述"木槿，今人植为篱，易生之物也，表明木槿是比较容易成活的植物。朱槿也具有相同的性状，一些原生种比较容易扦插成活，而一些园艺栽培品种扦插成活率则较低。现在市场上能够规模化应用推广的品种都是以枝条易扦插成活的品种为主。

一、朱槿繁殖

朱槿繁殖分为有性繁殖和无性繁殖。有性繁殖是以杂交授粉的方式获得种子而生长成为实生苗，具有根系发达、生长健壮、寿命较长等特点，但容易发生变异；无性繁殖是通过扦插、嫁接等方式获得新植株，可以保持亲本的优良性状，生长快，操作简便，是朱槿最常用的扩繁方式。

（一）种子繁殖

有性繁殖即植物的种子繁殖，通过杂交授粉结成种子来繁殖后代。除了极少数朱槿品种能自花授粉成功，大部分朱槿品种如果没有昆虫等媒介传粉，很难在自然情况下繁殖产生种子，通常需要采用人工授粉的方式获得种子。

1. 人工授粉

（1）授粉季节：一般选择在9～11月进行，在气温15～28℃、晴天的条件下最适宜，高温易导致花粉活性降低，低温花药不易开裂。

（2）授粉时间：一般在上午9:00以后进行授粉，这时候当天的朱槿花才完全展开，比较容易获得新鲜成熟的花粉。

（3）授粉方法：授粉前，选择意向授粉的亲本品种，选取的父本植株生长健壮，花粉刚从花药释放出来、新鲜饱满，母本植株花朵柱头饱满、有黏液。授粉时，可直接摘下父本花柱，将花粉轻轻粘到母本花朵的柱头上，花粉沾满柱头即授粉完成（图4-1，图4-2）。授粉后，做好标签记录父母本品种资料及授粉时间。注意授粉24小时内不要淋水、喷药，以免影响授粉成功率。

（4）种子采收：母本花朵凋谢后，如果花托保持绿色、子房膨胀，说明授粉成功（图4-3）。此时，可用网袋将种荚套起来，以免成熟后掉落（图4-4）。大约2个月后，种荚成熟开裂，即可收集种子（图4-5，图4-6）。

2. 播种

（1）种子存放、播种季节：收取种子后用网袋置室内通风阴凉处自然存放，待来年春季3月播种最佳。

（2）种壳处理：由于朱槿种子种皮厚而坚硬，发芽困难，可以用干净锋利的小刀从种子较宽大圆滑的一端切掉一小块种皮，注意不要切到种胚和子叶（图4-7）。

（3）催芽处理：将已经切过种皮的种子放入水中浸泡2～3小时后，平铺放置在湿润的纸巾或岩棉上，

图4-1　人工授粉

图4-3　授粉成功结果实

图4-4　套袋

图4-5　成熟开裂的种荚

图4-6　种子采收

图4-2　粘上花粉的柱头

在适宜的温湿度下催芽（图4-8）。如果在人工气候箱密闭的空间中催芽，注意控制水分不能过多以免种子发霉。

（4）播种：种子萌芽后即可进行播种。准备好穴盘和基质，基质可以用泥炭土和珍珠岩按2∶1的比例混合，并用800倍80%多菌灵或0.5%高锰酸钾溶液进行杀菌消毒，然后装入穴盘备用。播种时用小木棍在基质上戳一个2cm左右深的小洞，将种子放入小洞中，胚根朝下，再轻轻覆盖一层基质（图4-9）。播种完成后，淋水使种子与基质紧密结合（图4-10）。

（5）换盆：根系贴盆内壁，根盘满基质时，可以换更大的花盆，以利于其生长（图4-11）。

（6）后期养护：需根据小苗的不同生长阶段进行不同的养护。

子叶期适度遮阴，放在通风阴凉处，保持基质湿润；2～4片真叶期，早晚在自然光下炼苗（图4-12），见干见湿，可用水溶肥（N20-P10-K20)1000倍液灌根施肥。多于4片真叶后，正常光照，水溶肥（N20-P20-K20)800倍液灌根，每6天灌根一次。

图4-7　种壳处理

图4-8　催芽

图4-9　播种

图4-10　种子萌发

图4-11　换盆

图4-12　炼苗

◆（二）扦插繁殖 ◆

扦插繁殖是朱槿最主要的扩繁方式，目前应用最为普遍。

1. 嫩枝扦插

（1）扦插时间：在中国南方全年均可扦插育苗，以4～9月为宜。

（2）基质准备：基质使用泥炭土（或蛭石）、珍珠岩按照体积比1：1配制，扦插前用0.5%高锰酸钾或80%多菌灵800倍液对基质进行消毒。可用穴盆或扦插池进行扦插。

（3）插穗选取：选择健壮、无病虫害的一年生半木质化枝条，剪成8～10cm长的插穗，切口平滑且靠近出芽点，基部削成斜面便于扦插，插穗下半部的叶片剪除，上半部留2～3片叶子，每片叶子留约1/3面积以减少蒸腾作用（图4-13）。随剪随插，如有花蕾需剪除。

（4）扦插：先将插穗在80%多菌灵800倍液中浸泡30秒进行消毒，然后用生根剂浸泡处理插穗基部。在准备好的基质上使用略粗于插条的棒状物打孔，孔深度约为3cm，将插穗插入孔中，压实并及时浇水（图4-14）。

图4-13　插穗

（5）扦插后管理：大棚温湿度是影响朱槿嫩枝扦插成活率的重要因素，棚内气温以20～28℃为宜，空气湿度以70%～90%为宜。可通过盖膜保持湿度（图4-15），基质湿度以30%～50%为宜。在夏季，插穗长出愈伤组织前，喷雾时间可调为每30分钟喷雾15秒左右。长出愈伤组织后可将时间调整为1小时喷雾15秒左右，喷雾时段为8:00～18:00。如遇阴雨天气可适当延长喷雾间隔时间。冬季视气温和光照情况，可减少喷雾次数。每半个月喷施1次80%多菌灵800倍液杀菌消毒，待根系盘满基质即可移栽换盆。移栽1～2周后可浇1次薄肥，此后每半个月施肥1次，可用水溶肥（N20-P20-K20）800倍液，使苗生长健壮，快速出圃。

图4-14　嫩枝扦插

图4-15　盖膜

2. 硬枝扦插

（1）扦插时间：在南方全年均可扦插育苗，以4～9月为宜。

（2）准备工作：在大棚内建立育苗床，苗床高约20cm。基质可以使用河沙和珍珠岩按照体积比1∶1配制。扦插前一周基质用0.5%高锰酸钾或80%多菌灵800倍液浇透并覆盖薄膜进行消毒（图4-16）。

（3）插穗选取：选择粗0.5～1cm、生长健壮、无病虫害、笔直的木质化枝条，从枝条基部剪下，按照实际生产需求剪取插穗长度，剪除所有侧枝，上部保留1～2片叶子。

图4-16　苗床消毒

（4）扦插：先将插穗浸泡在0.5%高锰酸钾或多菌灵800倍液中进行消毒，然后用生根剂处理插穗基部。在苗床上使用略粗于插条的棒状物打孔，孔深为插穗长度的1/4，间距为10cm，将插穗插入孔中并回填基质。或直接用锄头在沙床中挖沟，按间隔放入插穗并回填基质。扦插完成后及时浇定根水（图4-17）。

图4-17　硬枝扦插

（5）扦插后管理。扦插后可按照实际天气情况进行喷雾保湿。大棚内保持温度20～30℃、湿度70%～90%为宜。温度过高时需掀膜通风，温度过低时需把大棚四周密封保温。每15天喷施一次多菌灵800倍液进行杀菌消毒。

❧（三）嫁接繁殖❧

嫁接繁殖可用于扦插成活率低或者珍稀的朱槿品种。通过嫁接还可以使朱槿一树多花。朱槿嫁接一般选在生长旺盛的春季最佳，温室条件下四季均可进行。砧木一般选择生长健壮、抗性较强的品种，通常选用青杆吊钟作为砧木较多。

1. 劈接

采用劈接的方式可以大大减少风折的概率。砧木取一年生成熟枝条截去未完全木质化的顶梢，用嫁接刀从枝条中间适当劈开一个约3cm的裂口。接穗选用当年生枝条，粗细与砧木枝条相当，剪取携带2~3个芽点的枝条作为接穗，剪去接穗上多余的枝叶，芽下面的两侧分别削成楔形斜面，然后插入劈开的砧木，确保至少一侧的形成层与砧木形成层贴合。用嫁接膜缠绕嫁接口并拉紧，避免对齐的形成层脱离影响嫁接成活率，且不能留缝隙以免嫁接口进水（图4-18）。

图4-18 劈接

2. 芽接

砧木取一年生成熟枝条，选在已木质化的地方，用嫁接刀斜切一个约2cm的刀口，切除切口上方部分表皮。接穗选用当年生枝条，剪取约2cm带芽的枝条并剪掉叶片，纵向斜切成两半，带芽的一半枝条上粗下尖细。将接穗尖端插入砧木刀口，确保至少一侧的形成层与砧木形成层贴合。用嫁接膜缠绕嫁接口并拉紧，避免对齐的形成层脱离影响嫁接成活率，且不能留缝隙以免嫁接口进水（图4-19）。

图4-19 芽接

3. 切接

砧木取一年生成熟枝条截去未完全木质化的顶梢，用嫁接刀斜切一个约2cm的刀口。接穗选用当年生枝条，粗细与砧木枝条相当，剪取携带2～3个芽点的枝条作为接穗，剪去接穗上多余的枝叶，芽下一侧削成一个平面，然后将接穗平面贴合砧木刀口，确保接穗形成层与砧木形成层贴合。用嫁接膜缠绕嫁接口并拉紧，避免对齐的形成层脱离影响嫁接成活率，且不能留缝隙以免嫁接口进水（图4-20）。

图4-20 切接

二、栽培管理

朱槿喜光、喜暖，不耐阴、不耐寒，喜排水良好、肥沃、湿润的微酸性土壤，适应性强，易生长。

◆（一）栽培技术 ◆

1. 光照

朱槿为强光性植物，需要充足的阳光，最好每天保证至少8小时的光照。光照不足会影响生长开花，导致叶片叶色偏暗、易枯黄、开花小，花蕾易脱落。夏季中午光照太强，易灼伤植株，幼苗期应适当遮阴30%～40%以保护植株。冬季气温过低时如果将植株移入棚内，也需放在阳光充足的地方。

2. 温度

朱槿喜温，不耐寒，适宜温度为15～30℃。冬季气温连续5天低于5℃，或连续3天低于3℃，植株易受冻害甚至造成死亡。

3. 土壤

露地栽培可以适应各种土壤，以排水良好、土质肥沃的微酸性土壤为宜。盆栽朱槿，可用园土、泥炭土和珍珠岩（或粗砂）按1：1：1的比例混合均匀后种植。

4. 浇水

朱槿在生长季节需要充足的水分，盆土需保持湿润，切勿过干，否则极易造成植株死亡。夏季高温季节，宜早晚浇水，切勿在盛夏中午淋水，易造成叶片枯黄；雨水多时，注意防止盆土积水。冬季要严格控水，以免发生冻害，可在土壤干后浇水。

5. 施肥

营养生长时主要施氮肥，开花前主要施磷钾肥。春季后，朱槿进入生长旺盛时期，需经常追肥，可每月追施1次有机肥。开花前期可喷施2～3次磷酸二氢钾，促进花开得多且集中。秋季可以追施磷钾肥增强抗寒性。冬季休眠期不施肥。

6. 修剪

朱槿生长力强，为了避免徒长，需经常修剪。南方立春后3～4月，可对枝条进行重剪，每个侧枝修剪保留2～3个芽即可，控制水肥，促使新枝萌发。朱槿幼苗长高至15cm左右时进行摘心，可促进腋芽萌发，萌发过程中保留3～4个新梢作为骨干枝，新梢长出4～5片叶子可再进行摘心，使朱槿长成较好的造型。

◆（二）病虫害管理 ◆

1. 虫害

（1）棉蚜（*Aphis gossypii* Glover）

随温度升高、浇水量大，易引发蚜虫危害。为害虫态为若蚜和成蚜。无翅胎生雌蚜与有翅胎生雌蚜体色有黄、青、深绿、暗绿等色。有翅若蚜和无翅若蚜共4龄，夏季黄绿色，春秋季蓝灰色。成蚜和幼蚜一般喜集中在新梢和花瓣中，刺吸汁液，造成嫩叶发黄、卷曲、皱缩，影响植株正常生长开花，甚至枯萎（图4-21）。

防治方法：可用10%吡虫啉1000倍液、3%啶虫脒水分散粒剂1000倍液或50%抗蚜威可湿性粉剂2000倍液喷雾防治。10～15天喷施1次，连续防治2～3次。

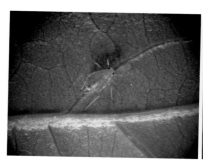

图4-21　蚜虫及其危害状

（2）扶桑绵粉蚧（*Phenacoccus solenopsis* Tinsley）

扶桑绵粉蚧一般以雌成虫和若虫刺吸汁液为害朱槿嫩梢、花蕾，造成枝叶枯黄甚至死亡。若虫活体通常淡黄色至橘黄色，虫体椭圆形，2龄后体表逐渐被白色蜡质分泌物覆盖。雌虫身体柔软，无介壳，而被有粉状的蜡质。在胸部可见0～2对，腹部可见3对黑色斑点。体缘有蜡突，均短粗（图4-22）。

防治方法：扶桑绵粉蚧1龄历期长，白色蜡状分泌物少，是防治的最佳时期。可喷施10%吡虫啉或22%氟啶虫胺腈1000～1500倍液进行防治。大面积为害时，可喷施30%噻嗪·毒死蜱1000～1500倍液防治。10～15天喷洒一次，连续防治2～3次。并及时清除受危害枝叶。

图4-22　绵粉蚧若虫及其危害状

（3）烟粉虱（*Bemisia tabaci* Gennadius）

烟粉虱为害虫态为若虫和成虫。成虫翅面覆盖白色蜡粉，两翅合拢时呈屋脊状。雌虫体长0.81～0.91mm，雄虫体长0.71～0.85mm。成、若虫刺吸植物叶片汁液，导致受害叶片变黄、枯萎甚至死亡。同时，虫体也能分泌蜜露污染叶片，从而引起煤污病。该虫还能传播病毒病，是朱槿曲叶病的传播媒介（图4-23）。

防治方法：烟粉虱对黄色有很强的趋性，可以设置黄板进行物理诱杀；危害严重时，可喷施10%吡虫啉、3%啶虫脒或4.5%高效氯氰菊酯1000倍液进行化学防治。

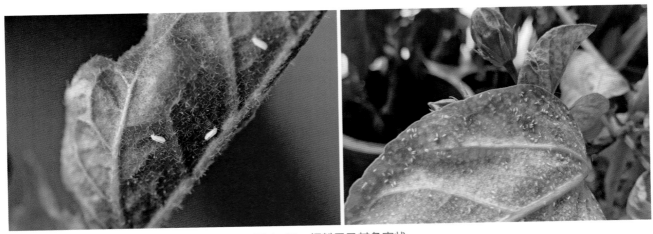

图4-23　烟粉虱及其危害状

（4）棉叶蝉（*Empoasca biguttula* Shiraki）

为害虫态为若虫及成虫。成虫淡黄绿色，体长3mm左右，头冠近前缘处有2个小黑点。前胸背板前缘有3个白色斑点。在前翅端部近爪端处各有1个小黑斑。小盾片淡黄，后翅透明。若虫5龄，末龄若虫体长2.2mm，前翅芽黄色，伸至腹部第四节，后翅芽淡黄色，长达腹部第四节末端。成、若虫刺吸叶片汁液，被害叶呈退绿变黄，再逐渐变红，严重时变白掉落（图4-24）。

防治方法：成虫出蛰前清除落叶及杂草，减少越冬虫源；挂黄板进行诱杀；各代若虫孵化盛期及时喷洒14%螺虫·呋虫胺或22%噻虫·高氯氟1500～2000倍进行防治。

图4-24　棉叶蝉及其危害状

（5）叶螨（*Tetranychus* Dufour）

叶螨又称红蜘蛛，朱槿上的为害叶螨为朱砂叶螨（*Tetranychus cinnabarinus* Boisduval）和山楂叶螨（*Tetranychus viennensis* Zacher）。叶螨为害虫态为幼螨、若螨及成螨。主要在叶背危害，吸食叶片汁液，导致受害叶片正面出现失绿的黄点，叶缘向背面卷缩，严重时叶片脱落甚至整棵植株枯死（图4-25）。

防治方法：药剂可喷施1.8%阿维菌素1000倍液、20%双甲脒1000～1500倍液或30%乙唑螨腈2000～3000倍液进行防治。

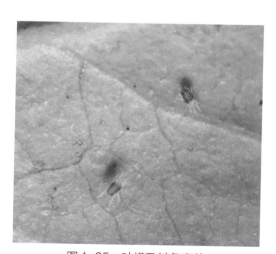

图4-25　叶螨及其危害状

（6）棉大卷叶螟（*Sylepta derogata* Fabricius）

为害虫态为幼虫。老熟幼虫体青绿色，化蛹前变成桃红色。卷叶螟1、2龄幼虫一般聚集在叶背取食叶片成孔洞，3龄以后的幼虫吐丝将叶片卷成筒状，藏于筒内取食叶片形成孔洞或缺刻，取食完叶片还会取食苞叶和幼蕾，影响植株生长（图4-26）。

防治方法：物理防治，幼虫卷叶成筒时，捏卷叶灭虫。药剂防治可喷施48%毒死蜱、5%氯虫苯甲酰胺或1.8%阿维菌素1000～1500倍液。

图4-26 棉大卷叶螟及其危害状

（7）斜纹夜蛾（*Prodenia litura* Fabricius）

为害虫态为幼虫。老熟幼虫头部黑褐色，体色呈土黄色、灰褐色或暗绿色，从中胸至第9腹节在亚背线内侧各有三角形黑斑1对。初孵幼虫群集在卵块附近取食叶肉，大龄幼虫进入暴食期，常将叶片蚕食光，并为害花与花蕾（图4-27）。

防治方法：幼虫为害期，喷施20%氯虫苯甲酰胺1000～2000倍液，或10亿PIB/克斜纹夜蛾核型多角体病毒40～50g/亩进行喷雾防治。利用成虫的趋光性和趋化性，用黑光灯或用糖醋液（糖∶醋∶水=3∶1∶6，加入少量90%敌百虫），诱杀成虫。

图4-27 斜纹夜蛾及其危害状

（8）非洲大蜗牛（*Achatina fulica*）

非洲大蜗牛喜昼伏夜出、群居，栖息于阴暗潮湿的地方，其食性广而杂，且摄食量很大。在朱槿上啃食枝干和叶片，严重时造成朱槿整株死亡。春末夏初气温升高，雨水多，容易发生蜗牛危害。

防治方法：发现蜗牛可人工进行捕杀。普通的杀虫剂防治效果差。选用杀螺剂，每亩[①]用6%四聚乙醛颗粒剂0.5～1kg，于傍晚均匀撒施在朱槿根部周围的基质上。因蜗牛喜生活在阴暗潮湿地带，在日落

———————————
① 1亩=1/15hm²。以下同。

到天黑前施药，或雨后转晴的傍晚效果最佳。若在阴暗潮湿的育苗大棚内发现蜗牛在朱槿地上部大量为害时，也可用40%四聚乙醛悬浮剂1000～1500倍液喷雾，根据防治效果，间隔10～15天，进行第2次补充防治。

图4-28　非洲大蜗牛

（9）露尾甲（Nitidulidae）

露尾甲其个体多较小，常椭圆或卵圆形。体表颜色多为黄褐色或及沥青色，少数种类体表颜色为红色，体表具大小不同的刻点，且多被细长金色柔毛。触角11节，末端3节膨大。在8、9月常见，主要为害取食花朵。露尾甲具有假死性，活动较少，主要在花朵中活动。

防治方法：可喷施4.5%高效氯氰菊酯800～1000倍或32%阿·维毒死蜱1000～1500倍进行防治。

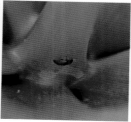

图4-29　露尾甲

（10）毛束象甲（Desmidophorus hebes Fabricius）

体壁黑色，被覆黑毛，具黑色毛束，鞘翅基部两侧的短带和端部的鳞片淡黄色。喙粗而很短，刻点很粗大，坑状，排列成不规则的行；触角棒卵形，端部缩尖。鞘翅刻点大，方形，行间细，具很小很短的黑色毛束，其间散布大毛束。

幼虫主要为害根茎部，环绕啃食地下根茎基部一周，致整株植株死亡。成虫主要危害嫩梢，啃食嫩梢直至折断。

防治方法：在成虫期主要喷施4.5%高效氯氰菊酯800～1000倍或32%阿维毒死蜱1000～1500倍进行防治。在幼虫期以30%毒·辛或32%阿维·毒死蜱500～800倍灌根进行防治。

图4-30　毛束象甲

（11）灰象甲（*Sympiezomia citri* Chao）

身体灰色或淡褐色，体长8.0～10.5mm，鞘翅行间的毛短而倒状。触角柄节长达眼中间，上口片明显，无小盾片，下唇的颏有毛4～6根，后胸前侧片和后胸腹板分离，后足胫节的胫窝关闭。具有较强的假死性。主要为害花朵、花蕾。

防治方法：喷施4.5%高效氯氰菊酯800～1000倍或32%阿维·毒死蜱1000～1500倍进行防治。

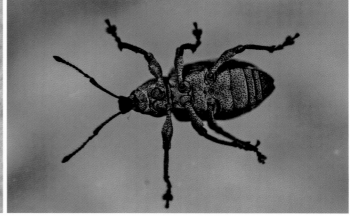

图4-31　灰象甲

2. 病害

（1）煤污病

为真菌病害，由散播烟霉（*Fumago vagans*）及一种枝孢（*Cladosporium* sp.）引起。发病初期症状为枝叶表面生黑色片状的菌丝霉斑，似黏附一层煤烟，煤烟能抹除，抹除后枝叶表面仍为绿色。后期，霉层上散生许多黑色小粒点或刚毛状突起，严重影响受害植株的光合作用，使朱槿不能正常生长，并且有碍观赏（图4-32）。此病多发生在冬春季湿度比较高的时期，主要是在高湿环境下由蚜虫、蚧壳虫、叶蝉等害虫的分泌物诱发致病。

防治方法：合理修剪，加强通风透气，降低空气湿度；及时杀灭蚜虫、蚧壳虫、叶蝉等虫媒；可喷施50%多菌灵可湿性粉剂800倍液，或75%百菌清可湿性粉剂1000倍液，或70%甲基托布津可湿性粉剂800倍液防治。

图4-32　煤污病危害症状

（2）叶斑病

为真菌病害，由扶桑叶点霉（*Phyllosticta hibiscina*）引起。叶斑病在叶片上先发病，初期出现黄色斑点，后逐渐扩大成近圆形病斑，病斑边缘褐色中间灰黄色，后期病斑中间脱落形成孔洞，严重时整个叶片枯萎脱落（图4-33）。

防治方法：及时清除烧毁病枝病叶。可喷施40%百菌清悬浮剂500倍液，或50%甲基硫菌灵·硫磺悬浮剂800倍液，或25%敌力脱乳油4000倍液防治。

图4-33　叶斑病危害症状

（3）茎腐病

为真菌病害，由可可毛色二孢（*Lasiodiplodia theobromae*）引起。茎腐病多发生在高温多雨的季节，发生初期症状不明显，先是植株一侧受害，受害部位皮层皱缩，皮下组织开始腐烂变褐色，叶片萎蔫，边缘出现黄褐色。后期整个皮层腐烂变褐，叶片边缘黄褐色向内扩散使整个叶片干枯脱落，根部腐烂（图4-34）。

防治方法：高温暴晒时注意遮阴降温，多雨时注意排水控水。可喷施50%咪鲜胺乳油1500倍液，或25%溴菌腈微乳油900倍液防治。

图4-34　茎腐病危害症状

（4）根基腐烂病

为真菌病害，由变红镰刀菌(*Fusarium incarnatum*)引起。该病害可危害地上部分和地下部分，叶片发病初期，叶尖或叶缘出现黄褐色水渍状病斑，后期病斑逐渐扩大，叶片呈焦枯状，倒挂在茎秆上或脱落；湿度大时病斑正面有一层薄薄的白色霉层。枝条发病初期先是在一个枝条或几个枝条上先发病，枝条上出现水渍状褐色病斑，随着病情发展，病斑扩大至整株躯干；发病严重时全株枯死，挖起根部变黑腐烂（图4-35）。

防治方法：高温暴晒时注意遮阴降温，加强通风透光，降低空气湿度，及时清除烧毁病枝病叶。可喷施75%肟菌·戊唑醇水分散粒剂1000倍液，或60%唑醚·代森联水分散粒剂1500倍液，或70%甲基托布津可湿性粉剂800倍液，或50%多菌灵可湿性粉剂800倍液防治。

图4-35　根基腐烂病危害症状

（5）灰霉病

为真菌病害，由灰葡萄孢（*Botrytis cinerea*）引起。灰霉病一般初期在叶片上呈水渍状病斑，湿度较大时扩散蔓延至叶柄和花瓣，后期病部形成灰尘状霉层（图4-36）。

防治方法：加强通风透光，降低空气湿度，及时排积水，及时清理烧毁病枝病叶。发病初期可喷施50%多菌灵可湿性粉剂、75%百菌清可湿性粉剂或70%甲基托布津可湿性粉剂800倍液防治。

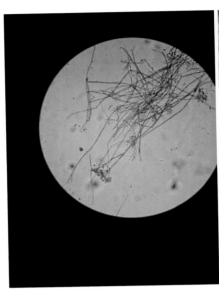

图4-36 灰霉病危害症状

（6）炭疽病

为真菌病害，由胶孢炭疽菌（*Colletotrichum gloeosporioides*）或交链格孢（*Alternaria alternata*）引起。炭疽病多发生在叶片边缘，初期为暗红色水渍状小点，逐渐扩大形成深褐色近圆形病斑，后期病斑边缘呈稍隆起的、较宽的黑褐色环带，中间灰白色并有黑色小点（图4-37）。

防治方法：及时清除烧毁病枝病叶。加强管理，增施磷钾肥，提高抗病能力。可喷施30%咪鲜胺·醚菌酯微乳剂900倍液，或30%苯甲嘧菌酯悬浮剂1500倍液、500g/L氟啶胺悬浮剂1000倍液防治。

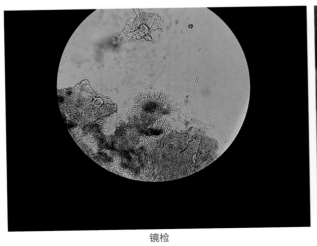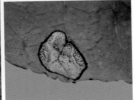

镜检　　　　　　　　　田间症状

图4-37 炭疽病危害症状

（7）朱槿曲叶病

为病毒病，病原为木尔坦棉花曲叶病毒（cotton leaf curl Multan virus, CLCuMV），主要以烟粉虱为传播媒介，感病后叶片变厚变小，向上卷曲、叶脉凸起，植株矮缩（图4-38）。

防治方法：主要通过及时控制其传播媒介烟粉虱来预防。预防烟粉虱方法同上。一旦染病，可喷施30%毒氟磷可湿性粉剂或50%氯溴异氰尿酸可溶粉剂800～1000倍进行防治。及时清理烧毁病株，避免扩散。也可以通过加强水肥管理减轻其曲叶的表现症状。

图4-38　朱槿曲叶病危害症状　　　　图4-39　感病植株清理

第五章

朱槿应用

朱槿在医药、美容、生活和园林方面具有广泛的应用。无论是作为中药材、护肤品成分、食品调料，还是用于园林美化，朱槿都展现了其多样性和实用性。然而，具体的应用方式和效果可能因地域、文化习俗和个人需求而有所差异。在应用时，应遵循相关的指导和建议，并根据个人情况做出适当的选择。

一、绿化观赏

朱槿栽培历史悠久，观赏价值高，是一种优美的观赏花卉。其色彩变幻无穷、花型多样，深受人们喜爱。其园林用途和配置手法丰富，常被用于公园、庭院和景观区域的种植和布置，增添自然和美丽的景观。

（一）园林绿化

朱槿花色鲜艳，开花四季不断，品种繁多，颜色各异，还有单瓣和重瓣品种。在华南地区广泛应用于城市园林，可采用孤植、片植、植物造型等形式应用于道路绿化、公园绿地、庭院等。

孤植主要展现某一植物的个体美，一般选用花色鲜艳、树形优美、枝叶繁茂的植物。朱槿生长茂盛，花色品种丰富，通过修剪塑形，孤植于道路公园绿地、广场、草坪等，独立成景，充分展示朱槿个体美。还可以通过嫁接技术，形成一树多花、五彩缤纷的效果，极富观赏性（图5-1）。

图5-1 孤植

　　片植是植株密集种植形成带状或片状。朱槿花大艳丽、开花多、花期长，成片种植，构成观赏灌木林，可集中展示花形、花色的美，在园林中起到划分空间作用。片植常见于道路分车带、人行道旁、建筑旁、公园外围等，不仅可以装饰道路边界，柔化建筑边缘，还起到隔离防护、降尘降噪的作用（图5-2）。

图5-2　片植（周仕凡供图）

植物造型是指通过设计和艺术手法，将植物的形态进行艺术化处理，创造出独特的植物形象。它是植物艺术的一种表现形式，通过植物的生长形态、叶片、花朵、果实等元素，结合艺术家的创意和审美观念，打造出具有美感和独特性的植物形态。可用朱槿打造成各种立体形态，形式多样，置于广场、草坪、花境中增添氛围感。朱槿常用彩叶品种做色块造型，按所需形状栽植修剪，色彩对比鲜明，有层次，突出立体感，景观效果更丰富。

◆（二）盆栽观赏 ◆

朱槿可以修剪成造型盆景，多用于室内绿化，低矮型朱槿盆栽适于摆放在家庭客厅、入口、阳台等处，点缀装饰家居环境，具有很高的观赏价值（图5-3，图5-4）。另外，盆栽朱槿还非常适宜用于布置节日公园和广场、花坛、宾馆、会场等，营造热烈的氛围。

图5-3　朱槿盆栽（盆景造型）（莫清奖供图）　　图5-4　家庭小盆栽（图片引自 https://www.graff-breeding.com/ ）

二、药用价值

　　李时珍在《本草纲目》中描述朱槿药性"甘，平，无毒"，主治"痈疽腮肿"。"痈疽腮肿，取叶或花，同白芙蓉叶、牛旁叶、白蜜研膏傅之，即散。"

　　朱槿的花、叶和根均可入药。朱槿的花味甘、性平，含矢车菊素–二葡萄糖苷、矢车菊素槐糖葡萄糖苷和槲皮素二葡萄糖苷等含苷类物质，有清肺、凉血、化湿、解毒的治疗功能。其根用于治疗腮腺炎、支气管炎、尿路感染和妇女子宫颈炎、白带、月经不调、闭经；其叶外用治疗疮痈肿、乳腺炎、淋巴腺炎。

三、食用价值

　　《南越笔记》记载"其朱者可食，白者尤甜滑，妇女常以为蔬，谓可润容补血。以其花蒸醋食之扶桑花可食用，但食用者少，多作药用。"食用朱槿花具有养颜补血的功效。此外，朱槿的花也可被制成腌菜，以及用于染色蜜饯和其他食物。

　　公元869年唐朝段公路编撰《北户录》一书，其中《红梅》篇叙述："岭南之梅，小于江左，居人采之，杂以朱槿花，和盐曝之，梅为槿花所染，其色可爱。又有选大梅，刻镂瓶罐结带之类，取椰汁渍之，亦甚甘脆。"这也是最早记载朱槿用于染色蜜饯和其他食物的文献。

　　茶饮：朱槿花可以用来泡制花茶，具有清热解渴、提神醒脑的功效。朱槿花茶可以单独冲泡，也可以与其他花草茶混合饮用。朱槿花泡水后，可赋予饮品柔和的酸甜口感和独特的颜色（图5-5）。

图5-5　朱槿荔枝香果冻［施静宜（台湾）供图］

糕点与甜点：朱槿花在糕点和甜点的制作中被用作装饰和添加剂，增添色彩和美感。例如，朱槿花可以用来制作朱槿花冰激凌、朱槿花果冻等（图5-6）。

图5-6　朱槿花茶

四、其他经济价值

《岭南杂记》中记载"纱缎黑退变黄，捣扶桑花汁涂之，复黑如新"。朱槿花汁可作为天然染料。茎皮纤维可制造纺织品，用于搓绳索、织麻袋、造粗布、网及造纸等。

红色染料：朱槿花瓣中的红色素可以用作天然的红色染料，可应用于染布、染织品等工艺中（图5-7）。

图5-7　色素染料

参考文献

布伦特·埃利奥特. 花卉：一部图文史[M]. 王晨译. 北京：商务印书馆, 2018.

陈灿彬. 岭南植物的文学书写[D]. 南京：南京师范大学, 2017.

陈甲林, 史佑海, 梁伟红. 海南扶桑品种资源调查及其园林应用研究[J]. 热带农业科学, 2009, 29(3): 24-28.

郭靖, 章家恩, 吴睿珊, 等. 非洲大蜗牛在中国的研究现状及展望[J]. 南方农业学报, 2015, 46(04): 626-630.

胡敦孝, 吴杏霞. 烟粉虱和温室白粉虱的区别[J]. 植物保护, 2001, 27(5): 15-18.

胡一民. 观花植物完全栽培手册[M]. 合肥：安徽科学技术出版社, 2005.

黄素荣, 牛俊海, 谌振, 等. 海南地区朱槿的园林种植与养护管理技术[J]. 园艺与种苗, 2016(10): 27-30+36.

黄元霖, 李梅. 家庭四季养花宝典[M]. 上海：上海科学技术文献出版社, 2005.

惠孜嫣. 中国谷露尾甲亚科分类研究(鞘翅目：扁甲总科：露尾甲科)[D]. 杨凌：西北农林科技大学, 2019.

雷增普. 中国花卉病虫害诊治图谱[M]. 北京：中国城市出版社, 2005.

李娟. 中国叶螨科分类修订及系统发育研究[D]. 贵阳：贵州大学, 2020.

李巧. 中国象甲科分类研究综述[J]. 西南林学院学报, 2003(03): 4-79.

刘宏涛. 园林花木繁育技术[M]. 沈阳：辽宁科学技术出版社, 2005.

绿生活杂志编辑部. 最新木本花卉指南[M]. 北京：中国农业出版社, 2001.

史秀丽, 李照会. 露尾甲科昆虫生物学及其防治研究进展[J]. 昆虫知识, 2002(02): 92-97.

史佑海, 陈建清, 黄觉武. 朱槿的民族植物学研究[J]. 热带农业科学, 2011, 31(3): 38-41.

魏行, 侯建军, 王琼. 扶桑绵粉蚧的生长规律和防治策略[J]. 长江蔬菜, 2014(15): 50-52.

张天柱. 花卉高效栽培技术[M]. 北京：中国轻工出版社, 2016.

张永清. 药用观赏植物栽培与利用[M]. 北京：华夏出版社, 2000.

赵养昌. 中国灰象属的研究[J]. 昆虫学报, 1997(02): 221-228.

周中林. 朱槿扦插繁殖技术的探讨[J]. 中国科技信息, 2014, 500(16): 197-198.

POWELL G S, DUFFY A G. New species of *Ctilodes* Murray (Coleoptera: Nitidulidae) from Southeast Asia, with a key to members of the genus [J]. Center for Systematic Entomology, 2017: 1-5.

附录　朱槿品种中文名索引